KB263077

길 위에서 배움 찾는
인간극장 '김길수의 난'은
계속된다

수남아,
여행 가자

2015년 5월 18일 초판 1쇄 발행 | **지은이** 김길수 | **편집** 정채영 | **디자인** 이랑 | **영업** 강승덕 | **경영 지원** 정은숙 | **인쇄** 미광원색사 | **제본** 정성문화사 | **펴낸이** 송은숙 | **펴낸 곳** 도서출판 겨리 | **출판 등록** 등록번호 제2013-000009호 | **주소** 403-821 인천광역시 부평구 시장로 12번길 21 302호 | **전화** 070.8627.0672 | **팩스** 0505.273.0672 | **이메일** gyeori@gyeori.com | **홈페이지** www.gyeori.com | **페이스북** www.facebook.com/Gyeoribooks | **블로그** blog.naver.com/gyeori_books

이 책의 국립중앙도서관 출판시도서목록(CIP)은 서지정보유통지원시스템 홈페이지(www.seoji.nl.go.kr)와 국가자료공동목록시스템(www.nl.go.kr/kolisnet)에서 이용하실 수 있습니다.(CIP제어번호:CIP2015012793)

ISBN 978-89-957983-9-3 13980

수남아, 여행 가자

글을 마치며 270

세렝게티를 달리는 누 떼를 보았다. 150만 년 동안 푸른 초원을 달리며 살아왔다는 그들은 습기를 머금은 바람을 따라 달리고 달린다. 달리면서 사랑을 하고 새끼를 낳아 기르고 초원에서 살아남는 법을 가르친다. 싱그러운 풀밭을 만나 풀을 뜯고 쉴 때는 약하고 어린 누들을 무리의 중심에 두어 보호한다. 그리고 또 달린다.

긴 여행길에서 만나는 치타와 사자의 위험을 무릅쓰고, 680킬로그램에 달하는 거대 나일악어가 도사리고 있는 마라강을 건너기 위해 절벽을 뛰어내리는 누는 매년 3,000킬로미터를 달려 제자리로 돌아온다.

누 무리는 왜 달리는 걸까? 누는 알고 있다. 살기 위해 달리고, 멈추는 순간 죽음이 찾아온다는 것을!

바람만이 알고 있는 길을 따라 달리는 누처럼 되고 싶었다. 길 위에서 배움을 구하며 살아가는 삶. 아무것도 가지지 않고, 아무런 욕망도 없이 길들여지지 않는 자유를 향해 달리는 삶.

내 삶은 이미 누를 닮아 있었는지도 모른다. 봄볕 나리는 날, 민들레 홀씨를 불어가며 나비를 쫓던 어린 시절부터. 젊은 날, 세계를 바람으로 떠돌다 사라지자던 벗들과의 다짐 속에 바람은 내 안에 자리 잡고 있었다.

꽃망울을 부풀리는 바람이 분다. 이제 다시 떠나야 할 때가 왔다!

기나긴 여정을
1: 준비하다

인생이라는 여행길은
누군가의 치밀한 계획으로 짜여 있다.
그저 바라볼 뿐이다.

자연학교를 꿈꾸다

지리산에는 3월에도 눈이 내리는구나! 새학기를 시작하고 내리는 눈은 축복이다. 아이들과 눈싸움을 하고 눈사람을 만들며 신나게 논다.

눈 내린 다음날 미술시간이다. 눈이 남아 있는 들판으로 봄을 찾아 나선다. 오늘은 봄을 그리기로 했다. 아이들은 논두렁, 밭두렁에서, 산으로 이어진 오솔길에서, 얼음이 녹아 흐르는 강가에서 봄을 찾느라 그 맑은 눈들이 빛난다.

내 시선은 아이들을 따라다닌다. 부드러운 봄바람 속에서 그림을 그리는 아이들, 내 마음에는 이 아이들이 봄이다. 얼마 지나지 않아 아이들이 봄을 들고 달려온다.

열두 살 아이들의 봄은 참으로 아름답다. 이제 막 물을 밀어올린 나뭇가지 끝들, 볕 좋은 비탈에 서 있는 바위의 체온, 그늘진 강변에 아직 남아 녹고 있는 얼음, 벌써 연녹색을 띤 버드나무 줄기에 부는

바람, 봄바람에 부풀어 오른 꽃망울, 가시나무 끝에서 겨울껍질을 벗고 있는 두릅나무 순, 눈 속에 피어난 노오란 복수초의 숨결….

아이들의 봄을 설명하기에는 내 언어가 너무도 빈약하다. 내 이럴 줄 알았다. 결국 오늘도 가르치러 나온 수업시간에 선생인 내가 아이들에게 배움을 얻었구나!

아이들과 함께하는 아름다운 시간은 빠르게 흘러간다. 학교로 돌아오는 발걸음은 언제나처럼 무겁다.

아니나 다를까! '무슨 수업을 학교 밖에서 하느냐?', '선생이 아이들 교육을 망친다.', '선생이 학생들하고 놀기만 하느냐?' 각종 비난이 쏟아진다. 나는 그저 듣고만 있을 뿐. 교실로 돌아와 아이들 그림을 들여다보니 눈물이 났다.

아이들과 함께한 2년, 참으로 행복한 날들이었다. 주말이면 초라

한 우리 집에는 근처 마을에 사는 아이들이 몰려들어 주말학교가 자연스레 차려졌다. 언니 오빠들이 동생들과 놀면서 배우는 놀이학교가 열리는 것이다.

　　방학이 되면 계절학교를 열어 함께 먹고 자고 놀면서 행복했다. 봄에 아이들과 함께 심어 놓은 감자를 캐고 옥수수를 꺾어 구워먹고 삶아 먹고 배 두드리며 나무그늘 밑에서 낮잠이나 자고 하면서도 아이들은 서로에게 행복한 가르침을 받았다.

　　아이들은 나에게 스승이면서 학생이었고 나 또한 아이들에게 선생이며 학생이었다. 내게는 모두가 그러했다. 그러나 구조화된 학

교는 열일곱 소년의 감수성으로 살아온 내가 견딜 수 있는 곳이 아니
었다.

　누구는 배우기만 하고 누구는 가르치기만 하는 공간, 누구는 길
들여져야 하고 누구는 길들이기만 하는 공간, 행복한 시간과 힘겨운
시간이 혼재한 공간에서 나가야 한다. 학교를 그만두어야 한다. 그
래 그만두자! 내가 꿈꾸던 학교는 이런 곳이 아니었다.

　눈 속에 피어난 복수초의 숨결은 내게 또 다른 꿈을 꾸고 다른 길
을 가라 일러 주었다.

　이런 학교가 있으면 얼마나 좋을까?

　숲 속의 아침은 언제나 새들이 깨운다. 새들은 언제 일어났는지
벌써 배를 채우고는 여기저기 나뭇가지들을 옮겨 다니며 놀고 있다.
공동식당으로 가는 오솔길에는 키 작은 풀꽃들이 어제보다 많이 피
어 있다. 며칠 전부터 그리던 풀꽃 그림을 오늘은 다시 시작해야겠
다. 풀꽃이 이렇게나 빨리 자라는구나! 매일 꽃들을 들여다보기 전
에는 몰랐다.

　식당에 들어서니 친구들 몇 명과 선생님 몇 분이 반긴다. 허리가
구부정한 할머니 선생님은 느릿느릿 반찬을 차려 주신다. 식당 밥통
에는 언제나 따뜻한 밥이 있고 몇 가지 밑반찬들이 있다. 누구하나
밥 먹으라는 소리는 하지 않는다. 그저 배고프면 와서 먹고 치우면
그만이다.

　서툴기만 한 나도 혼자서 할 수 있지만 식당에 오면 항상 웃으시
는 느린 할머니 선생님께서 도와주신다. 오늘 반찬은 향이 진한 쑥

국에 내 그림에 있는 냉이, 토끼풀, 개망초 어린 싹들이다. 그림을 먹는 건지 꽃들을 먹는 것인지 모르겠다. 밥을 먹고 꽃향기가 나는 효소차를 마실 때면 식당은 꽃으로 가득 차 있다는 생각이 든다.

오늘은 그림을 그리는 선생님과 더덕밭에서 놀기로 했다. 하얀 민들레와 매실나무가 함께 자라는 밭에서는 콜롬비아, 쿠바, 케냐 등에서 온 형 누나들이 매실을 따고 친구들 몇은 민들레 홀씨를 불며 씨뿌리기 놀이를 하고 있다.

친구들은 형, 누나들과 놀이인지 일인지 모를 일을 하며 스페인어를 배우고 있다. 언제 바뀔지 모를 꿈이지만 한 친구는 친근해진 누나를 따라 쿠바에 가서 의학을 공부하겠다며 열심히 말을 건넨다.

배나무, 사과나무가 섞여 자라는 숲에는 산삼과 그늘을 좋아하는 여러 가지 채소들이 자라고 있다. 채소밭인지 과수원인지 모를 밭을 지나 산양, 염소, 닭들이 노는 동물농장을 지나면 햇볕이 가장 잘 비치는 곳에 더덕밭이 있다.

선생님은 심은 시기가 적혀 있는 팻말을 들여다보고 계신다. 오늘 내가 할 일은 빛이 바랜 팻말에 물감을 채워 넣고 밭고랑에 들어가 풀을 뽑고 더덕 순이 올라가는 모습을 관찰하는 것이다. 2001년 팻말에 물감을 넣고 밭고랑으로 들어간다. 굵은 더덕줄기가 그물망을 타기도 하고 서로 몸을 비비꼬아 의지해가며 하늘을 향해 솟아오른다. 이 고랑은 6년 동안 키웠으니 가을에 수확을 한단다.

2006년까지 팻말에 물감을 넣고 풀 뽑는 일 잠시하고 선생님과 함께 더덕을 살펴보고 그림 그리는 이야기를 하며 숲 속 오솔길을 따라

도서관으로 간다.

　책이 많이 있으니 도서관이 맞기는 한데 여기는 좀 이상한 나라다. 숲 속을 나와 유리로 된 집으로 들어가면 다시 작은 숲으로 이어진다. 여기 저기 책꽂이가 서 있고 따뜻한 나라에서 자라는 나무들이 그늘을 드리우고 그 밑으로 책상이 놓여 있다. 키 낮은 풀밭도 군데군데 자리를 잡고 있다. 식물원이기도 하고 도서관이기도 한 이곳은 따뜻한 남쪽 섬나라에 들어와 있는 느낌이다.

　여름에는 지붕 위로 물이 뿌려지고 겨울에는 태양열을 이용해 따뜻한 공기를 불어넣어 주니 이곳은 언제나 봄이다. 무엇이든 될 수 있고, 어디든 갈 수 있는 꿈을 꾸기에 여기보다 좋은 곳은 없다. 꿈꾸는 섬에 들어오면 시간이 어떻게 가는지 자주 잊는다. 꿈을 꾸고 환상을 보고 여행을 하다보면 하루해가 너무나 짧다. 팔과 다리가 근질근질한 것이 너무 오래 앉아있었나 보다.

　섬에서 나와 오솔길로 이어진 숲으로 들어간다. 한참을 걸으면 커다란 밤나무 삼거리가 나오고 졸졸졸 흐르는 물소리를 따라가면 깊은 숲에서 피아노 소리가 들린다. 반복되는 음률이 들리는 것을 보면 누군가 피아노의 숲에서 선생님께 수업을 받고 있나 보다.
　작은 개울가 오두막집에는 그림 선생님이 사신다. 일년 내내 이곳에 계신 것은 아니지만 얼마 전 전시회를 마치고 돌아오셨다. 나는 요즘 선생님께 사물을 관찰하는 법, 빛과 어둠 그리고 그 사이를 읽는 법을 배우고 있다. 선생님과 함께 작은 풀꽃이 피어 있는 볕이 잘 드는 숲 속에 앉으면 조용한 새소리 물소리에 피아노 소리가 어우러져 그림 그리기에 딱 좋다. 노란 양지꽃 무더기에 내려앉은 햇살과 엷은 꽃잎 밑으로 떨어지는 밝은 그늘을 그리고 며느리밥풀꽃의 하루하루 달라지는 색의 시간을 그린다.

　오늘은 숲 속 공연장에서 음악회와 시낭송 모임이 있는 날이다. 놀이인지 공부인지 모를 시간들을 마친 친구들과 선생님들이 간단한 저녁식사를 마치고 공연장으로 모여든다.
　공연장은 숲 속 작은 집들로 가는 여러 오솔길들이 만나는 곳에 있다. 바위와 통나무들이 의자로 놓여 있고 무대로 쓰이는 길죽한 정자에는 오래된 피아노가 있다.

오늘은 먼 곳에서 온 처음 보는 얼굴들도 많다. 그림공부 시간에 숲 속에서 들었던 피아노 소리를 다시 들을 수 있겠다. 숲 속에 함께 살고 있는 친구들이 여럿 있기는 하지만 함께 모이는 시간은 많지 않다. 외국어 공부는 몇 명씩 모여 외국에서 온 형 누나들과 함께 일을 하거나 놀면서 배우고 특별히 하고 싶은 공부는 원하는 선생님을 찾아가 배운다.

오늘은 문학반 친구들과 음악반 친구들이 잔치를 여는 날이다. 가끔 있는 이런 특별한 날에는 모두가 행복하다. 말을 할 줄 아는 다섯 살 아이부터 늘 웃으시는 식당의 느린 할머니까지 모두가 시인이 된다. 늘 춤을 추며 걸어 다니는 여섯 살 된 동생은 손가락이 길어 피아노 위에서도 손가락 춤을 춘다. 지난 몇 달 동안 한 마디 말도 들어 보지 못한 도서관에서 사는 친구의 피아노 솜씨는 환상이다.

준비된 무대가 끝나면 한쪽에는 모닥불이 지펴지고 음악이 흐른다. 어른들 아이들이 함께 모닥불 주변에 모여 이야기를 하고 춤을 추는 모습은 도서관에서 읽은 어느 원시 부족의 모습 같다.

아직 말을 배우지 못한 아이들도, 외국에서 온 친구들도, 가끔 멍하니 하늘만 바라보는 친구도, 치매를 앓고 있는 할아버지 할머니 선생님도 오늘 밤은 웃고 떠들고 행복해한다. 이 부족은 시와 음악과 춤을 의사소통의 수단으로 쓰는 오래된 인간이거나 미래의 인간이거나 둘 중 하나임에 틀림없다.

이 숲에 사는 사람들은 하나의 숲에 살아가지만 참 다양하다. 시나 소설을 쓰는 사람, 음악을 만들고 연주하고 노래하는 사람, 돌이나 나무를 다듬는 사람, 흙을 만지는 사람, 농사일을 주로 하는 사람, 숲 속을 거닐고 혼자 이야기하는 사람들이 함께 살아간다. 마치 민들레가 매실나무와 함께 자라듯 사과나무, 배나무, 감나무가 여러 가지 채소와 함께 자라듯 그렇게 살아간다.

누구도 땅과 공기, 햇볕을 독차지할 수 없다. 띄엄띄엄 자라고 있는 나무들은 부드러운 그늘을 만들어 주고 그 밑에 자라는 채소들은 땅을 뒤덮는 잡초를 막아준다. 숲 속 선생님들은 모두가 그렇게 살아간다.

자연학교! 내가 붙인 이름이다. 숲 속에서 몇 달을 살아보니 '이곳이 내가 바라던 학교구나!' 하는 생각이 든다. 학교라는 이름을 달지는 않았지만 참 좋은 학교다. 몇 달 동안 여러 친구들이 오고 가고 했다.

어떤 친구는 일주일을 살다가 가고 돌아오기도 하고 한 달씩 있는 친구도 있고 나처럼 숲 속 사람이 된 친구도 있다. 숲 속에 함께 살아가는 모든 이들이 선생님이고 나무들, 풀꽃들, 동물들도 모두가 선생님이다. 사실 이곳에 들어오기 전 식구들과 몇 가지 약속을 했다.

꼭 지켜야 할 약속은

- 숲 속 모든 식구들은 선생님이면서
  학생으로 받아들여야 한다는 것
- 나와 다르다는 것과 서로 다르다는 것을 아름답게
  바라볼 것
- 아무리 좋은 것도 이웃에게 강요해서는 안 된다는 것
- 느리고 불편한 생활을 받아들여야 한다는 것이고
- 지키면 좋은 약속은 숲 속 사람들의 하루살이에 대한
  것인데 하루에 네 시간 정도 몸을 움직이는 일을 할 것
- 하루 두 시간 이상 걷기 명상이나 운동을 할 것
- 하루 두 시간 이상 책을 읽을 것
- 하루 네 시간 이상 재미나게 놀 것 등이다.

이 약속들을 강요하는 사람들은 없지만 다들 그렇게 생활한다. 매일 매일이 비슷한 일상이지만 이렇게 사는 것이 재미있다.

초등학교 교사일을 그만두고 자연학교를 만들겠다는 꿈을 꾸며 몇 년을 살다보니 나는 집을 짓는 목수가 되어 있었다.

우리 집을 짓는다는 것

사람들은 집에서 산다.

오랜 세월 사람과 집이 함께 살아와서일까? 집과 사람은 무척이나 닮아 있다. 집짓는 과정을 살펴보면 쉽게 알 수 있다.

사람들은 집이 필요하면 일단 터를 고른다. 다 다른 사람들인지라 집터를 고르는 취향도 다양하다. 하지만 특별한 경우를 제외하고는 공통점이 더 많다. 우선 햇빛을 많이 받는 곳을 찾는다. 또 바람의 길목을 피하고 산을 등지고 멀리 강을 바라볼 수 있으면 더 좋다. 아기가 엄마품을 찾아들듯 산자락이 아늑하게 품어주는 곳을 좋아하고 물이 모이는 골짜기에는 집을 짓지 않는다.

터를 고르고 나면 집이 들어앉을 자리를 정하고 주춧돌을 놓는다. 주춧돌은 매끄럽고 단단하고 묵직한 돌을 고른다. 주추가 놓일 자리는 생명을 키워 보지 못한 생땅이 나올 때까지 파고 차근차근 다져올린다.

　주추는 움직여서는 안 되는 선한 마음이다. 선한 마음이 흔들리면 몸이 망가지듯 주추가 흔들리면 집은 무너지고 만다. 집은 수직과 수평, 균형이다. 기둥은 무엇에도 의지하지 않고 홀로 서 있도록 주추 위에 세우고 보와 도리는 기둥 위에서 수평을 이루도록 짜 맞춘다.

　지붕을 만드는 일에서는 무엇보다도 균형이 중요하다. 추녀와 서까래를 걸고 단열을 위해 흙을 얹는 작업을 하다가 균형을 잃는 경우 집은 한쪽 방향으로 돌면서 무너진다. 지붕 위에 얹는 흙의 무게는 집이 몇 달 또는 몇 년간 자리를 잡는 데 꼭 필요하다. 적당한 무게를 이고 있는 집은 잠을 잘 자고 견고한 집이 된다.

　벽은 흙과 볏짚을 이겨 가로 세로로 엮어 놓은 쫄대 사이를 채우고 미장을 한다. 벽은 외부와 적당한 소통과 단절로 숨 쉬는 집을 이루는 중요한 장치이다. 견고한 벽에 의해 완벽한 단절과 고립으로 이루어진 집안 공기는 사람을 망친다. 구들은 불과 공기의 흐름 바

세상에 잠시 깃들어 살
공간을 마련해 주는 집이라면
자연에 흐르는 바람 한 점 거스르지 않는
겸손한 집이어야 한다.

람의 방향이 조화를 이루도록 설치한다. 바람을 거슬러도 불이 잘 들지 않고 구들장 아래에서 불이 자유롭게 흐를 수 있도록 설계하지 않으면 방이 따뜻할 수 없다.

우리 집을 짓는 과정은 좋은 공부다. 많은 사람들이 나만을 위한 집, 가족만을 위한 특별한 집을 원하지만 인간이 영원할 수 없듯이 집 또한 영원할 수 없다. 다만 세상이라는 긴 시간과 공간 속에 잠시 머물다 사라진다.

세상에 잠시 깃들어 살 공간을 마련해 주는 집이라면 자연에 흐르는 바람 한 점 거스르지 않는 겸손한 집이어야 한다.

우리 집은 이웃과 소통하는 공간이 되고, 교만과 단절로 스스로를 병들게 하지 않고, 마음의 균형을 잃고 쓰러지지 않는 집이다. 선한 마음의 매끄럽고 단단한 주추 위에 반듯한 마음의 기둥을 세우고 균형 잡힌 마음이라는 보와 도리와 지붕을 얹은 바람 한 점 거스르지 않는 우리 집짓기는 지리산에서 5년 동안 많은 가르침을 주었다.

먹고 사는
일이…

밥벌이가 지겨워졌다.

몇 년간 집짓는 일이 풍족한 생활을 보장해 주었다. 하지만 풍족한 살림이 일상의 행복까지 지켜주지는 못했다. 거만한 집에 견고한 아집을 채우려는 건축주를 만나 괴로워하던 몇 개월은 행복한 우리 집짓기를 그만두게 만들었다.

무엇을 하며 살아갈까? 자연학교에 대한 꿈도 중단해야 했다. 행복한 우리 집짓기도 실패했다. 무엇이 문제였을까? 사랑, 믿음, 다름을 받아들이는 유연한 마음이면 모든 것이 아름답게 이루어지리라는 순진한 생각이 문제였나?

나는 교만을 받아들일 수 없었다. 어떤 관계에서도 미움과 시기, 질투의 감정이 일어나는 것도 용납하지 않았다. 아집의 성이 견고해지는 것도 보아 넘기지 않았다. 그런 감정들이 내 안에서 싹트는 것

은 더할 나위없는 치욕이고 죄
악으로 알았다. 자신에 대한
깊은 반성은 결국 모든 실
패의 원인이 나에게 있다는
결론에 이른다.

　사랑과 나눔과 소통과 균
형을 타인에게 강요하는 내 모습
은 누군가를 가르치려 하는 교만과 아
집으로 보일 수도 있었겠구나! 타인에게서 교만과 아집을 보는 내
마음에도 똑같은 괴물이 살고 있었구나! 자신에게 더욱 철저해지고
내가 가진 것을 모두 내려놓지 않는 한 무엇도 되는 것이 없겠구나!

　깊은 바닥까지 내려가 반성의 시간을 거치고 나니 무언가 할 일이
보였다. 집짓기를 원하는 사람이 많으니 동네 젊은이를 모아 행복한
집짓기 팀을 꾸렸다. 모두가 서로 다른 기술을 가지고 있으나 서로
의 기술을 배우며 일을 하면 좋을 듯 싶었다.
　총무를 따로 두어 회계를 투명하게 하고 기본 일당은 받아가고 수
익금이 생기면 공평하게 나누어 가지는 평등한 조직을 꾸렸다. 얼마
전까지는 책임도 이익도 혼자 챙겼지만, 이번에는 기술도 나누고 이
익도 나누고 결국에는 서로에 대한 사랑도 나누는 모임이다.
　대표와 총무는 동네 형들이 하고, 나는 목수교육과 목구조 시공
책임을 맡았다. 몇 달간은 잘 굴러가나 싶던 행복한 집짓기 팀이 삐

걱거리기 시작했다. 이번에는 금전에 대한 탐욕이 문제였다. 같이 일하는 사람 중에 몇 명이 집짓기의 효율성에 문제를 제기했다. 좀 빨리빨리 작업을 하고 아침 일찍부터 늦게까지 작업을 하자, 좀 융통성 있게 흙 대신 시멘트를 많이 쓰고 몇 가지 공정을 생략하면 돈을 더 많이 나누어 가질 수 있으니 그렇게 하자는 것이었다.

그렇게 하면 돈이야 더 벌겠지만 일하는 사람은 피곤에 지쳐 행복할 수 없고 그 집에 들어가 살 사람들은 건강하지 못하고 부실한 집을 가지게 되는 것이라 설명을 해도 내 말에 적극 동의하는 사람은 아무도 없었다.

이번에도 내가 선택한 길에서 떠밀려 나겠구나 싶었다.

결국 그렇게 되고야 말았다. 금전에 대한 인간의 탐욕을 보고 나니 밥벌이가 지겨움을 너머 미워졌다. 착한 마음으로 시작한 일들이

계속 실패하는 이유는 뭘까? 또 다시 반성의 시간이다. 다시 한 번 마음의 바닥으로 내려가 보자.

내가 아직 내려놓지 못한 무언가가 있는 것일까? 이유는 간단했고 문제 또한 내 안에 있었다. 상대방의 의도를 읽지 못하고 원칙에서 벗어나면 단호하게 잘라버리는 성질머리가 문제였고 상대방을 설득해서 함께 조금씩 변해가는 과정을 지켜보며 기다리지 못하는 나의 조급성이 문제였다.

더 큰 마음의 문제는 내가 그들에게 안정적인 일자리와 높은 수익을 베풀고 있다는 교만한 생각이었다. 겉으로는 수익을 공평하게 나누고 가장 낮은 자리에서 일을 하기는 했지만 마음 한켠에는 아직 내려놓지 못한 교만이 숨어 있었다.

나는 누구인가? 그저 순진한 마음으로 세상에 나와 있는 어린애이거나 세상을 너무나 모르는, 세상에 길들여지지 않는 사회부적응자이거나!

다시 길을 떠나야 한다. 인생이라는 여행길은 내가 선택한 길인 듯해도 그렇지 않았다. 내가 가려 한 길들은 언제나 막혀 있었고 막힌 길에서는 단 하나의 열려 있는 문이 기다리고 있었다. 또 다시 열려 있는 문으로 들어간다. 이번에는 어떤 배움이 기다리고 있을까?

새로운 문은 막다른 길에서 열린다.

내가 만든 집짓기 팀에서 쫓겨난 거나 다름없는 상황에서도 책임
져야 할 작업이 있어 노예처럼 일을 하고 있었다. 힘겨운 상황이었
지만 그래도 벚꽃은 봄바람에 느릿느릿 흩날리고 붉은 장미는 곱게
피어나고 있었다.

봄비로 불어난 계곡에서는 은빛으로 반짝이는 물고기들이 거센
물줄기를 거슬러 올라간다. 작은 폭포를 만나 튀어 오르는 물고기
들의 힘은 어디서 나오는 것일까? 산란을 위함인지 안전한 서식지
를 찾아가는 것인지는 모르지만 거친 물살을 거슬러 올라가는 물고
기들의 이동은 눈물겹게 아름답다. 한참동안 물고기들을 바라보니
내가 그들과 함께 있다. 어찌 보면 고통스러울 수도 있을 그 시간들
을 견디며 자유를 찾아 힘겨운 물길을 오른다. 저 폭포 너머에는 자

유와 평화가 있으리라. 이러
지도 저러지도 못하는 답
답한 현실이지만 지리산
의 봄 풍경은 평화를 주
었다.

　나른한 봄바람을 타
고 그들이 왔다. 비쩍 마
른 큰 키의 두 사람, 묵직
한 레게 머리와 부드러운 갈색
긴 머리, 한국말을 하지만 국적 불
명의 아름다운 친구와 독일 친구가 나타났다. 작업장으로 쭈뼛쭈뼛
걸어 들어오는 그들이 내 눈에는 새로운 세계로 들어가는 문으로
보였다.

　그들에게서는 바람의 냄새가 났다. 세계 여러 나라를 몇 년간 여
행하다 얼마 전에 한국에 돌아왔다는 친구는 겸손하고 착한 마음이
말과 행동에 배어 있었다. 독일에서 목수 전문학교를 나왔다는 친구
는 오래된 트럭을 캠핑카로 개조해 유럽 여러 곳을 돌아다니며 짚시
목수로 살고 있다고 했다. 그들이 들려주는 세상이야기는 내가 젊은
날 꿈꾸던 삶이였다.

　한옥 목수일을 유심히 바라보던 친구들이 우리가 나무 다루는 방
식에 흥미를 가지더니 한옥 목수일을 배우고 싶다고 해서 그들을 식
구로 맞아들였다. 짚시의 본능이였을까? 식구가 된 다비드는 몇 달
간 살 자기만의 공간이 필요하다며 숲 속에 작은 집을 지었다.

낮에는 목수일을 하고 저녁에는 친구들의 집을 돌아다니며 즐거운 파티로 시간을 보내면서 서로의 말과 마음을 배웠다. 두 친구의 도움으로 책임져야만 했던 일이 쉽고 즐겁게 마무리되었다. 이제 집짓기 팀에서 자유로워지는 거다.

사람의 욕심은 또 다른 욕심을 부른다. 동네 형들은 다비드와 친구에게 얼마정도 돈을 주어 쫓아내고 다시 함께 일을 하자고 제안했다. 팀에서 나가려면 철물점 외상값도 내고 작업장을 지으면서 일한 인건비며 설계비까지 내놓으란다.

대충 계산을 해보니 3천만 원이 넘는 돈이다. 다음 작업을 위해 준비해 둔 나무 값까지 따지면 5천만 원이 넘는 돈을 날려야 할 판이다. 안정적인 일자리와 나름의 고소득을 보장해 준 나에게 보따리까지 내놓으라니!

자유로워지기 위해 치러야 할 대가치고는 너무하다 싶었지만 한 식구로 받아들인 나그네를 쫓아버릴 수는 없었고 일하는 사람도 집주인도 모두가 행복한 집짓기가 아닌 일은 하고 싶지 않았다. 이번 만큼은 단호해져야 한다. 경제적으로 힘들어도 뭐 좋은 일이 생기겠지 생각하며 다비드와 선한 친구를 선택했다.

언제나 그런 것은 아니지만 선한 의도는 좋은 결과를 만든다. 집 두 채, 정자 네 채를 지어 달라는 주문이 들어왔다. 어느 건축주는 공사대금 전체를 일시불로 미리 주기도 해서 경제적인 부담감을 덜 수 있었다.

이 정도면 다비드와 선한 친구에게도 정식 일당을 줄 수 있겠다.

서로 다른 유럽식과 한국식 목수 일을 배우고 서로의 삶을 배울 수 있는 기회가 생겼다. 다비드와 선한 친구는 내가 꼭 만나야 하는 선생님이었다. 두 친구는 일에서도 생활에서도 자기를 먼저 내세우지 않았다. 겸손하게 배우고 힘든 일도 마다하지 않고 즐겁게 해낸다. 겸손과 착한 마음은 긴 여행에서 반드시 필요한 것들이지 않을까?

낯선 곳을 여행하며 만난 사람들에게 교만함과 악한 마음을 품어서는 생존 자체가 불가능하니 말이다. 무엇이든 배우려는 자세와 겸손과 착한 마음은 어느 나라에서나 통하는 여행자의 언어다. 이 친구들은 자주 음악과 함께 논다. 젬베와 카혼을 두드리고 디주리드라는 관악기를 불며 음악에 맞추어 춤을 춘다. 일과 놀이와 음악이 잘 어우러져 있다. 일을 해서 번 돈으로 유흥과 놀이를 사는 우리네 일상과는 너무나 다르다.

한옥 목구조를 조립 중인
다비드와 다비드의 숲 속 오두막

여행자는 스스로 놀이를 만들고
음악을 즐기고 그것들을 이웃들과

나눈다. 일을 마치고 함께 놀다가 진지한 밤이 찾아오면 우리는 여행이야기를 했다. 평범한 생활을 버리고 여행을 떠난 친구들은 여행이 삶이 되어버렸다.

친구들은 자신들을 관광객이 아니라 여행자라고 했다. 'tourist'와 'journeyer'는 너무나 다른 의미를 가지고 있다. 관광객은 관광지를 그저 스치고 지나가지만 여행자는 자신이 머무르는 낯선 세계와 하나가 된다. 관광객은 좋은 곳 좋은 모습만 바라보지만 여행자는 여행지의 후미진 곳에서부터 화려한 곳, 소소한 일상과 기쁜 일 슬픈 일들을 함께한다. 여행자란 그런 것이구나! 나는 친구들에게 어릴적 꿈과 자연학교를 만들어 가면서 겪었던 즐거운 일들이며 실패가 가져다준 배움, 지금도 겪고 있는 고통을 자연스레 털어 놓았다. 바람을 닮은 친구들은 나에게 평안과 위안을 주는 상담자이면서 선생님이다.

다비드는 한국 비자가 끝나갈 무렵이면 중국이나 일본에 다녀왔다. 한국에서의 여행이 즐거웠던지 3개월씩 비자를 연장하기 위해서다. 물론 근본이 여행자이니 일본에 가면 일본 사람들과 함께 목수일도 하고 그들의 삶을 배우고 와서는 여러 가지 이야기를 들려주었다. 중국 사람들의 다양한 생활도 재미있는 이야기였다. 집 한 채를 완성하고 정자 만들기가 끝날 무렵 내 삶은 그들을 동경하며 닮아가고 있었다.

출·퇴근이 가능한 거리에서만 작업을 하다가 이번에는 전남 구례에 현장이 차려졌다. 집하고는 너무 멀다. 친구들과 어떻게 할지 이야기를 나눈 끝에 짚시처럼 살아보기로 했다. 현장이 있는 마을에 민박집을 하나 얻고 집터에는 작은 비닐하우스 한 동과 천막을 치고 섬진강 가에는 잠자리로 쓸 텐트도 마련했다. 작은 마을이 만들어졌다.

노래하는 누나가 음식을 만들어 주고 나그네 목수들은 축제처럼 일을 한다. 기둥을 세우고 지붕을 얹고 하는 큰 일이 끝날 무렵, 자주 보지 못하는 아내와 아이들 생각에 힘들어하는 내게 친구들은 유럽에 사는 여행가족 이야기를 들려주었다.

버스를 개조해 움직이는 집으로 꾸미고 여러 나라를 여행하며 살아가는 사람들이 있다. 그들은 축제가 열리는 도시를 돌며 차와 음식을 팔기도 하고 목수일이나 농사일을 거들며 살아간다. 아이들 교육은 부모가 중심이 되어 가르치지만 여행 중에 만나는 선생님들로부터, 비슷한 처지의 이웃들에게도 배운다.

여행길에서의 배움이 얼마나 큰지는 다비드와 선한 친구를 보면서, 진실한 삶을 찾아가는 그들을 보면서 알고 있었다. 우리 가족도 그들처럼 살아볼까? 생각보다 행동이 먼저 움직였다. 아내의 시큰둥한 동의를 얻어 트럭을 팔고는 날개가 달린 이동도서관 차를 샀다. 2007년 가난한 나그네들의 행복한 집짓기가 끝나갈 무렵에는 선한 친구와 나에게도 움직이는 집이 생겼다.

다비드가 물었다.
"내게 이 많은 친절을 베푸는 이유가 뭐지요?"
"나그네에게 잠자리와 먹을 것을 주는 것은 당연하지. 세상 사람들 대부분이 그렇게 하지 않아? 나는 당연한 일을 하고 친구들에게 너무나 많은 것을 배우고 받았어. 어쩌면 아주 오래전 어디에선가 나는 다비드 등에 붙어 피를 빨고 사는 모기였을지도 모르고."
내가 대답하고 다비드는 배시시 웃었다. 인연은 이미 오래 전에 계획되어진 것인지도 모른다. 초등교사직을 그만두면서 겪었던 잠깐의 고통스런 인연이 없었다면 지금쯤 어느 정도 길들여진 교사로 평범하게 살고 있었으리라. 자연학교라는 소년의 꿈을 꾸지도 못했겠지. 물론 실패로 돌아갔지만 자연학교를 만들어가던 과정은 목수 일을 배우게 했고 오만과 편견으로 괴로워하던 시간이 없었다면 오늘도 없었겠지. 사랑과 나눔, 봉사와 헌신의 마음으로 만들었던 집짓기 팀이 탐욕으로 무너지지 않았다면 그냥 잘나가는 민간 사회적 기업으로 성장한 일자리에서 일하고 있었겠지. 여행자의 삶을 꿈꾸고 있는 지금은 힘들어 눈물 흘리던, 악연이라 생각했던 인연들이 고맙고 감사하게 느껴졌다.

여행자들과의 인연이 소중하게 느껴
질수록 악연이라 생각하고 판단하고 했

던 상황들이 미안해졌다. 그들은 다만 나와 다를 뿐이다. 그냥 인
정하고 받아들이면 되는 것이었다. 다비드와 선한 친구와의 인연은
용서와 화해, 평화를 주고 다름을 받아들이는 최고의 방법을 가르
쳐주었다.

다비드와 선한 친구와의 인연으로 여러 친구들이 모여들었다. 모
여서 놀고 흩어지고 어느 길에선가 다시 만나고 하다 보니 우리 가족
도 푸른 별에 잠시 내려온 여행자처럼 느껴졌다.

그런데 이상한 일들이 벌어졌다. 나그네 목수들과 여행자들이 모
여 재미있게 일하고 쉬고 놀고 하는 모습은 좋게만 보이지는 않았는
지 주변 사람들의 비난의 목소리가 들려왔다.

'우리 동네 숲 속에 이상한 사람이 살고 있으니 쫓아내야 한다.',
'거지들이 나와 함께 일을 하니 자꾸 다른 거지들도 모여든다.', '옷

차림이 더럽고 일할 때에는 윗옷도 입지 않는다.', '불법으로 텐트를 치고 야영을 한다.', '밤에는 소란스럽게 모닥불을 피우고 북을 치며 춤을 추고 노래를 한다.'

이런 이야기들을 파출소에까지 신고한 사람들이 있었고 실제로 경찰이 출동하고 면사무소 공무원도 작업장에 들이닥쳐 주의를 주기도 했다. 인적이 드문 외딴 곳에서 일하고 놀고 하는 우리들을 따라다니는 시선이 있었나 보다.

아직 부족한 여행자인 나는 '여기 주변에 사람이 어디 있느냐? 외진 곳에서 우리끼리 노는데 무엇이 문제냐? 이해가 잘 안 가는 비난이다.'며 항의를 했지만 여행자들은 그런 나를 말렸다. 여행자들은 말도 안 되는 비난들을 온전히 받아들이고 조용히 일을 마무리하고 어디에선가 다시 만날 날을 기약하며 길을 떠났다. 경찰도, 공무원도 친구들도 떠난 자리에 혼자 남아 생각해 보니 이번 사건은 지리산을 떠나라는 이야기로 들렸다.

나도 따라 나서고 싶었지만 그러지 못했다. 왜 떠나지 못할까? 우리에게는 50평짜리 고정된 큰 집이 있어서다.

지리산 우리 집! 지금은 짐으로 느껴지지만 많은 사람들과 인연을 맺고 소통하는 고마운 공간이었다. 아내에게 집을 팔고 여행을 떠나자고 했더니 이번에도 아내는 시큰둥하게 동의한다. 집이 팔리면 아예 떠나고 그렇지 않으면 몇 달 동안 캠핑생활자로 살아보자고 했다. 참으로 고마운 아내다.

지리산에서 7년을 살았다. 그동안 맺은 인연들과 경험한 일들은

길떠남을 위해서였을까? 기나긴 여정을 준비하기 위해 교사를 그만
두어야 했고, 자연학교에 대한 구상이 실패해야 했고, 목수가 되어
야 했을까? 그렇다면 준비가 끝났다. 이제 떠나야 할 시간이다.

바람만이 알고 있는 길을 따라 세상이라는 학교로 떠나자!

바람만이 알고 있는
길을 따라 세상이라는 학교로 떠나자!

2 : 길을 나서다

길 위에 서 있으니 길이 보이지 않는다.
목적지를 정하고 가는 길은 얼마나 쉬운가!
갈 곳을 알지 못하고 나선 길에서 낯선 나를 본다.
걸음마를 시작한 아이마냥 세상을 두리번거린다.

움직이는 집

아내의 생각과는 달리 집은 쉽게 팔렸다. 이제 우리가 가진 집이라고는 3평짜리 작은 버스가 전부다. 50평 큰 집에서 움직이는 집으로 이사를 한다. 큰 살림살이는 들어갈 곳이 없어 동네 사람들에게 나누어 주고 꼭 필요한 물건들만 작은 집으로 옮긴다.

아내는 최소한의 조리도구와 몇 벌의 옷가지들을 챙긴다. 옷장과 주방에는 이사를 한 흔적이 남지 않을 정도로 부엌살림과 옷가지들이 그대로 남아 있다. 작은 냄비 두 개, 뚝배기 하나, 밥솥 하나, 프라이팬 하나, 그릇 몇 개로 음식을 차리고, 몇 벌 안 되는 옷을 자주 빨아 입자면 조금은 불편하겠지만 우리가 생활하는데 필요한 것들이 이렇게 단순할 수 있었구나!

수남이, 민정이는 좋아하는 동화책 몇 권과 장난감 몇 개를 골라 새집으로 이사를 한다. 이제 제법 자기주장이 강해진 수남이는 자전거와 탈 수 있는 작은 자동차도 챙겼다. 바퀴 달린 집이 신기한 아이

들은 웃음꽃이 활짝 폈다.

　여행을 하면서도 목수일은 해야 하니 나는 연장을 챙긴다. 작은 집에 실을 수 없는 큰 연장은 마음 착한 형에게 나누어 줬다. 젬배와 기타도 실었다. 좀 어수선하기는 하지만 먹고 입고 자고 놀고 일하고 하는 데 꼭 필요한 것들이 세 평짜리 움직이는 집에 다 들어왔다. 나눠 줘야 할 옷, 책, 장난감, 살림살이들이 산더미로 남아 있다.

　꼭 필요하지도 않은 물건들, 옷들을 사 모으느라 돈을 벌고 그것들을 짐으로 지고 사느라 힘들어했구나! 모두 나누어 주고 나니 움직이는 집에 가벼운 살림만 남았다. 짐으로 지고 있던 집을 팔고, 불필요한 물건들을 나누니 모든 것이 가벼워졌다.

　이제는 남겨진 살림도, 돌아올 집도 없다. 움직이는 집과 함께 바람을 따라 움직이고, 길 위에서 먹고 자고 놀고, 길에서 배움을 구

하고, 길에서 밥벌이를 하며 살아가야 한다. 누군가 가라 하면 가고 오라 하면 오는 삶, 그리운 것들을 찾아다니는 삶을 시작한다. 무언가 약속된 것도, 의지할 곳도 없는 광야를 달린다. 아내와 어린 아이(네 살 수남이, 세 살 민정이, 젖먹이 정수) 셋을 거느린 가장이 스스로 거지가 되어 출발하는 여행을 축하해 주는 사람은 아무도 없다. 진심어린 걱정과 무책임하다는 비난이 여기저기서 쏟아지지만 우리는 떠난다. 아내는 미래에 대한 약간의 걱정을 안고, 아이들은 동화 속 주인공이 되고, 아빠는 어릴 적 꿈을 찾아 움직이는 집과 함께 출발이다.

움직이는 집은 자유다.

어디로 갈까나?
: 고향에서

　막상 길을 나서기는 했지만 갈 곳이 없다. 길은 어디로든 이어져 있지만 우리 가족이 갈 곳은 정해지지 않았다. 움직이는 집은 무한한 자유를 주었고 그만큼 선택해야 할 길이 많아졌다. 여행길은 시작부터가 선택이고 공부다. 아이들에게 아빠의 어린 시절 추억이 담겨 있는 고향을 보여주고 싶어졌다. 그래, 고향으로 가자!

　지리산에서 덕유산으로 집이 움직인다. 여행길을 축복하는 눈이 내린다. 입춘이 지난 2월 23일에 내리는 눈치고는 많이도 내린다. 아이들은 내리는 눈을 보며 즐거워하고 아내는 걱정스레 창밖을 내다본다. 고향에 도착할 즈음에는 다행히도 눈이 그쳤다.

　고향이라고 찾아왔지만 고속도로가 생기면서 동네를 품어주던 산자락이 잘려나가고, 계곡을 막아 만든 커다란 저수지는 동네 앞에 흐르던 맑은 물을 마르게 했다. 별로 보여줄 것이 없었지만 그래도 하룻밤은 덕유산에서 자야지 하는 생각에 집을 끌고 저수지 위쪽 산길로 접어들어 조용한 산속에 자리를 잡았다.

　아내는 저녁준비를 하고 나는 땔감을 구하러 간다 하니 아이들이 따라나선다.(움직이는 집의 난방은 전기장판과 화목난로를 이용한다.) 겨울산에는 서서 죽은 나무며 부러진 나뭇가지들이 지천으로 널려 있다. 아이들과 함께 잠깐 주워 모은 나뭇가지가 한 이틀은 쓸 수 있겠다. 고정된 집에 있었다면 난방비를 벌기 위해 일을 해야 했을 텐데 여행을 나와서는 아이들과 놀면서 땔감을 구했다. 앞으로는 이렇게 돈으로 해결해야 할 일들을 온 가족이 몸을 움직여 해결해야 한다.

　저녁밥상이 차려지고 난로에 불을 지피니 집안이 훈훈하다. 아이들은 밥도 잘 먹고 잠깐 신나게 노는가 싶더니 아빠가 들려주는 옛날이야기가 끝나기도 전에 잠이 든다. 아이들의 적응력은 참 대단하다.

　낯선 환경에 잠들지 못하고 뒤척이는 아내에게 말을 건넨다.

“아이들이 어떻게 자라면 좋겠어요?”

“음, 건강하고 자기 앞가림이나 잘 하는 착한 사람 정도면 되지.”

아주 단순한 대답이지만 진리가 담겨 있다.

“저도 같은 생각이예요.”

“아이들이 태어날 때마다 똑같은 다짐을 했죠. ‘이 아이는 우리에게서 태어났지만 우리 것이 아니다. 어느 별에서 왔을지 모를 이 아이는 아름다운 우주다. 아이가 자신의 삶을 살아갈 수 있도록 지켜봐주고 도와주자. 어른들이 생각하는 삶을 강요하지 않겠다.’ 뭐 대충 이런 다짐들요.”

내 바람이 그러하듯 아이들에게도 여행을 통해 자유를 선물하고 싶다. 여행길에서 만나는 수많은 사람들로부터 다양한 삶을 배우고 아름다운 자연에서 평화와 안식을 배우는 아이들이길 바란다. 여행자로 세계를 떠돌며 진실한 눈으로 세상을 바라보고 다양한 가능성의 길에서 자신의 삶을 선택하고 살아갈 수 있는 힘을 길러주고 싶다. 아이들에 대한 이야기로 밤이 깊어간다.

밤새 눈이 더 내렸다. 잘 자고 일어난 세 살난 민정이가 묻는다.

"아빠! 여기 누구집이예요?"

하룻만에 바뀐 집이 낯설었나 보다. 아침밥을 먹고 시냇가로 나간다. 눈이 내리기는 했지만 봄은 봄이다. 겨우내 얼어 있던 냇가 얼음이 녹아 흐르고 겨울잠을 자던 나무들도 깨어나 뿌리에서 가지끝으로 물을 빨아올리고 있다. 아이들과 냇가에 쪼그리고 앉아 봄이 오는 소리를 듣는다.

"쉿! 수남아, 민정아, 무슨 소리가 들려?"

"음! 얼음 깨지는 소리!"

"물소리!"

"새소리!"

“그래. 우리는 봄이 오는 소리를 듣는 거야!”

봄이 오는 소리를 들으며 돌세우기 놀이를 한다. 아빠는 진실한 마음을 담아 길쭉한 돌을 바위에 세우면서 균형잡기 놀이를 한다. 마음이 흐트러지면 돌은 바로 서지 않는다. 민정이는 한 손으로 쉽게 하는 일을 아빠는 어렵게 한다. 민정이는 벌써 마음의 균형을 알고 있는 걸까?

아이들에게 아빠는 친구가, 바람은 선생님이 되어 자연에서 놀고 있다. 아빠는 가난해서 너희들에게 화려한 옷도 비싼 장난감도 못 사주고 학원에도 보내지 못하겠지. 하지만 아빠는 늘 너희들과 놀아주고 사랑해 주겠어!

봄바람이 분다. 남쪽에는 벌써 봄이 와 있겠지? 수남, 민정, 정수야! 봄에게 가볼까?

아이들에게 아빠는 친구가,
바람은 선생님이 되어
자연에서 놀고 있다.

봄을 찾아서

봄바람을 따라 남해로 달린다. 나에게는 어릴적부터 되풀이해 꾸는 꿈이 하나 있다. 아무도 없는 외로운 계단을 내려가면 문이 하나 나타난다. 아이는 조심스레 문을 열고 들어간다. 너른 들판에는 아지랑이가 피어오르고 나비들이 난다. 낮게 자란 풀잎들은 봄바람에 조용히 춤을 추고 민들레 홀씨는 하늘로 날아올라 음악을 만든다. 부드러운 풀밭에 누워 하늘을 바라본다. 빛나는 태양도, 파란 하늘도 없지만 밝고 따뜻한 하늘이다. 따스한 바람은 눈을 감고 누워 있는 나를 어루만지고 마음 깊은 곳에 들어와 앉는다.

내 진심을 알아주지 않는 사람을 만나 외롭고 쓸쓸할 때면 언제나 이 꿈을 꾸었다. 잠에서 깨어나면 베개는 젖어 있었지만 마음은 평화로웠다. 같은 꿈을 여러 번 꾸다보니 어느 때부터인가는 눈만 감으면 그 꿈이 현실로 느껴졌다. 아이들과 함께 꽃이 피고 나비가 날고 봄바람이 부는 꿈을 찾아간다.

　바람을 따라 내려온 남해에는 봄이 먼저 와 있다. 여기저기 봄을 알리는 꽃이 피어 우리 가족을 반긴다. 봄 소풍을 나온 기분으로 소쿠리를 챙겨 온 식구가 양지바른 산비탈로 향한다. 농사를 짓지 않는 비탈 밭에는 냉이가 지천이다.

　온가족이 숟가락과 나뭇가지로 봄을 캐고 있다. 느리고 느리게 놀면서 오늘 먹을 양식만을 준비한다. 많이 캔다고 한들 어디 저장해둘 곳도 없고 내일이면 또 다른 싱싱한 봄나물을 먹을 수 있다. 자연이 베풀어 준 것들을 우리가 쌓아두는 것도 옳지 않다. 그저 적당히 먹을 것만 거두고 고마워하고 행복을 누리면 그만이다. 우리 가족에게 많은 것은 함께할 시간과 사랑이고 없는 것은 돈이다. 돈이야 필요하면 조금씩 벌면 되지만 아무리 많은 돈을 준다 한들 가족이 함께하는 이 행복을 살 수 있을까? 아이들은 겨울잠에서 깨어난 무당벌레와 친구가 되어 놀기도 하고 마냥 즐겁다.

　비탈밭 가장자리에는

때 이른 매화가 피어 있다. 봄을 찾아오지 않고 그냥 머물러 있었더라면 한 달은 더 기다려야 할 매화가 활짝 피어 있다. 꽃이 있는 곳에는 어김없이 벌과 나비가 날아들었다. 매화도 몇 가지 꺾고, 냉이 한 바구니를 들고 집으로 돌아오는 길이 즐겁다. 어릴적 꿈으로 들어와 있다.

오늘 점심은 바닷가 소나무 숲 잔디밭에 자연이 준 선물로 차려졌다. 냉이 된장국에 냉이전, 냉이튀김, 후식으로는 매화 냉이차를 준비했다. 여행을 떠나지 않았다면 놓치고 갔을지도 모를 행복이다.

바다를 바라보다

    행복한 하루는 빨리 지나간다. 누구에게나 똑같은 시간이 주어져 있지만 어떤 이는 언제 끝날지 모르는 힘겨운 일들로 하루를 지루하게 살기도 하고 작은 즐거움에 놀고 웃고 하다가 하루가 지나기도 한다. 여행길에서의 하루는 너무나 짧다.

    아침 일찍 일어나 밥을 준비하고 먹고 치우고, 아이들과 산책을 하면서 놀고, 하루 먹을 것을 준비하기 위해 나물을 뜯거나 조개를 줍거나 하고, 책이나 좀 읽다가 아이들과 또 놀다가 땔감을 잠깐 줍고, 저녁 먹고 치우고, 아이들과 노래 부르며 놀다가 잠자리에 누워 옛날이야기 좀 들려주다 보면 다시 아침이다.

    행복은 우리에게 멀리 있는 것이 아니다. 함께 걷는 산책길에, 함께 먹는 밥 한끼에도, 사랑하는 사람들과 함께 바라보는 바다에도, 어디에나 작은 행복들이 놓여 있다. 부유하고 편안한 생활이 행복을 약속하지는 않는다. 여행자는 가난하고 불편한 생활에서 배려와 사랑을 발견하고 행복해한다.

'화장실도 없는 좁은 버스에서 다섯 식구가 어떻게 살지? 모아 놓은 돈도 없이 긴 여행을 할 수 있을까?' 하던 아내의 걱정도 사라졌다.

아이들은 날마다 소풍이다. 내일이 오지도 않았는데 내일에 대한 걱정으로 오늘을 망치면 행복한 날들은 없다. 열심히 산다는 것은 중요한 일이다. 하지만 하기 싫은 일이나 하기 싫은 공부를 하면서 오늘을 희생해서 얻는 경제적 부와 사회적 성공이 무슨 의미가 있을까? 오늘 하고 싶은 공부를 하고, 오늘 하고 싶은 일을 하면서 살다 보면 행복은 저절로 따라오는 것은 아닐까?

사랑하는 아이들과 바닷가를 거닐었다. 노을이 물든 바다를 바라보며 생각한다. 우리 아이들이 인생이라는 다양성의 바다에서 하고 싶은 일을 찾고, 살고 싶은 인생을 살아가는 어른으로 자라기를! 서로 사랑하고 가진 것을 나누고 거짓 없는 삶을 살아가기를!

적막 그리고 가족

남해에서 봄을 즐기다가 봄과 함께 북쪽으로 집을 움직인다. 매화마을에서는 흐드러지게 핀 매화 꽃밭이 우리 가족을 품어주었고, 섬진강 맑은 물가는 아이들 놀이터가 되었다. 봄과 함께 놀다 보니 우리 가족은 봄이 된다. 서로를 따스한 시선으로 바라보는 봄, 서로를 따뜻하게 품어주는 봄, 서로를 사랑하는 봄이다. 여행은 사랑이다.

봄나들이 나온 사람들로 붐비는 곳을 떠나 깊은 산속을 찾아간다. 새로운 사람들을 만나 인연을 맺는 것도 좋은 일이지만 너무 많은 사람들 속에서 너무 오래 머무르다 보니 조용한 숲이 그리워졌다. 낯선 산길 비포장도로를 가다가 길이 끝나버렸다. 길은 끝없이 이어져 있으리라 생각했는데, 끝나는 길도 있구나!

조용한 숲을 찾는다는 것이 그만 새소리 물소리만 들리는 적막한 숲으로 들어와 버렸다. 해는 저물었고 다른 쉴 곳을 찾기는 힘든 상황이다. 전기도 없고 근처에는 인가도 없다.

여행은 예측할 수 없는 일들이 많이 일어난다. 어쩔 수 없는 상황이라면 적막과 고요를 즐겨야 한다. 아이들은 벌써 노래를 부르며 새로운 환경을 즐기고 있다. 전기를 얻을 수 없어 촛불을 켜놓았더니 민정이는 자기 생일이라며 촛불을 꺼버린다. 장난꾸러기 수남이는 손뼉치기로 촛불 끄기 놀이를 한다. 오늘 밤을 어떻게 보낼까 걱정하던 아내도 웃는다. 아이들에게는 모든 상황이 즐거운 놀이다.

아내가 잠자리를 펴는 사이 아빠는 수남이, 민정이를 데리고 버스 위로 올라간다. 인공적인 불빛이 사라진 곳에서는 별빛, 달빛만이 더욱 밝게 빛난다. 아이들은 가르치지 않아도 안다. 자연의 빛이 얼마나 아름다운지를!

"아빠! 별들이, 별들이 모여 있어요."
"아빠! 달이, 달이 빛나요."
"엄마아… 어엄마… 사랑해요."
한밤 중에 고요한 숲이 소란스럽다. 아빠는 아이들에게 세상이 얼마나 아름다운지를 보여주고 싶었다.

바람이 분다. 바람을 맞으러 버스 위에 올랐다. 높은 곳에 올라가면 바람을 더 잘 느낄 수 있다. 고요한 숲에서 잘 놀고 잘 쉬었다. 갈 길을 알려주는 바람이 분다. 다시 어디론가 떠나야 할 시간이다.

여행을 위해 목수가 되었나

돈이 떨어지고 일거리가 들어왔다. 여행을 시작하면서 신용카드를 없애버렸다. 여행을 하면서 드는 돈은 여행지에서 벌어가며 살아가기로 했다. 있으면 있는 대로 살고 없으면 안 쓰면 된다. 여행을 멈추고 일거리를 구해 돈이 생기면 다시 여행을 시작한다.

일을 하면서 멈춰 있는 경우가 많지는 않지만 일을 통해 만나는 사람들과의 인연도 중요한 공부다. 새로운 만남은 어떤 형태로든 서로에게 영향을 준다.

목수일이 있으면 목수일을 하고 농사철에는 농사일을 거들고 받는 돈으로도 우리 가족이 먹고 살기에는 충분하다. 목수일은 다른 직업에 비해 일을 구하기가 쉽고 보수도 좋다. 자연학교에 대한 꿈을 꾸다가 자연스레 목수가 되었고 꿈은 실패로 돌아갔지만 목수가 되게 해준 그 인연은 참 감사한 일이다.

나무를 다루는 일은 언제나 새롭다. 언제나 다른 나무를 다루고

사람마다 원하는 바가 다르니 다 다른 물건을 만든다. 나무의 종류
가 다르고 성질이 다르다.

새로운 나무를 만나면 우선 나무를 읽는다. 나무의 종류, 나뭇결
의 방향, 가지가 뻗어나갔던 자리, 건조상태 등을 읽어내고 쓸모와
맞춰 본다. 나무가 쓰임과 맞지 않으면 작업을 할 수 없다. 나무를
원하는 모양으로 만들어 낼 수는 있지만 그 본성을 바꿀 수는 없다.
나무마다 결이 다르고, 뒤틀림이 다르고, 갈라지는 성질이 다르고,
단단한 정도가 다르고, 냄새도 다르고 다 다르다. 오동나무와 참나
무와 소나무를 같은 물건을 만드는 데 쓸 수 없다. 사람도 마찬가지
로 다 자기 자리가 있다.

여행을 떠나서 하는 첫 작업을 가족과 함께한다. 일을 하러 먼 길
을 떠날 때면 언제나 마음이 무거웠다. 사랑하는 사람들과 떨어져
있어야 한다는 것은 힘겨운 일이다. 이제는 그럴 필요가 없다. 움직
이는 집이 일터에 있고 아내와 아이들은 아빠가 일하는 동안 산책을
하거나 일하는 모습을 지켜본다. 쉴 때는 잠깐씩 같이 놀기도 하고
점심도 일터에서 같이 먹는다. 아직 농사일은 해보지 않았지만 아이
들과 함께 하면 재미있겠다. 다섯 식구가 함께 일을 하고 한 사람 몫
의 일당을 받으면 된다. 아이들에게는 농사일도 하나의 공부가 되고
아빠와 하는 재미난 놀이가 될 것이다.

아빠 일이 끝나기를 기다리던 민정이가 오빠 어깨에 기대어 잠이
들었다. 시끄러운 기계소리도 민정이 낮잠을 깨우지 못한다. 아빠
를 닮은 민정이는 어디에서나 잠을 잘 잔다.

가족과 함께 즐겁게 일을 하고 일당을 받았다. 이 돈이면 일주일
동안은 넉넉히 살 수 있겠다. 하루 일하고 일주일을 산다. 좀 이상할
것 같지만 현실이 그렇다. 여행을 떠나면서 정기적금도 이런 저런
보험도 모두 해약해 버렸다. 우리가 정작 들어야 할 보험은 오늘의
행복에 있다는 것이 이유였다. 오지도 않은 미래를 위해 오늘을 힘
들어 하면서 보험을 들 이유는 없다.

현실을 힘겨워하며 받는 스트레스는 건강을 해치고 행복해야 할
오늘과 미래마저도 잡아먹는다. 아이들에게 들어줘야 할 보험 또한
대학등록금이 아니라 스스로 꿈을 가질 수 있도록 해주고 다양한 삶
을 선택할 수 있는 기회를 주는 것이다. 아이들에게 비싼 장난감을
사줄 필요도, 특별한 과외를 시킬 필요도 없다. 자연은 그 자체가 최
고의 놀이터이고 장난감이고 선생님이다. 또한 늘 함께 하는 엄마와
아빠가 있다. 몸을 조금만 움직이면 산과 계곡, 강과 바다, 들판은
늘 좋은 음식을 제공해 준다. 집을 유지하기 위한 비용도 없다. 움직
이는 집은 정말이지 우리 가족에게 특별한 자유를 주었다.

자연은 그 자체가
최고의 놀이터이고
장난감이고 선생님이다.

제주도에서
뱅글뱅글

잠자리에 누워 불을 끄면 언제나 아빠는 옛날 이야기를 들려준다. 아빠가 지어낸 몇 가지 이야기 중에 아이들이 특별히 좋아하는 '달리기를 좋아하는 말' 이야기를 자주 들려준다.

"옛날에 달리기를 너무너무 좋아하는 말이 살았어요. 그 말 이름은 수남이, 민정이, 정수 말이였지요. 수남이,민정이는 어린 정수를 데리고 아침부터 저녁까지 달리고 달렸어요. 배가 고프면 풀을 뜯어 먹고는 또 달렸지요. 엄마 아빠는 늘 '들판에는 너희들보다 빠른 치타와 아주아주 무서운 사자가 있으니 조심해야 한다.' 하고 말했지요.

눈이 오는 어느 날이었어요. 민정이 정수 말은 집에서 놀고 있는데 장난꾸러기 수남이 말은 '오늘은 좀 집에서 동생들이랑 놀으렴' 하는 엄마 말도 듣지 않고 눈 속으로 달려 나갔어요.

　　한참을 달리다 보니 갑자기 강이 나타났어요. 내리는 눈 때문에 길을 잃었나 봐요. 수남이는 강 건너를 바라보았지요. 그런데 이상하게도 이쪽은 펑펑 눈이 오는데 저쪽은 햇살이 비추고 꽃도 피어 있고 나비도 날아다니고 그랬어요.

　　수남이는 용기를 내서 강을 건넜지요. 그곳은 이상한 나라였어요. 풀과 나무들이 엄청나게 크게 자라 있고 사자가 원숭이와 놀고, 치타도, 얼룩말도, 토끼도 모두가 함께 사이좋게 놀고 있었어요. 수남이는 이상한 나라에서 새로운 친구들과 신나게 놀다가 엄마, 아빠, 동생들 생각이 났지요.

　　수남이는 다시 강을 건넜어요. 이상하게도 눈은 그쳐 있고 집이 바로 앞에 있는 거예요. 집으로 들어가 식구들에게 이상한 나라 이야기를 해주었지요. '아니! 그렇게 아름다운 세상이 저 강 건너에 있단 말야?' '응! 아빠, 하지만 강을 건너는 용기가 있어야 그 곳에서 살 수 있어.' 수남이가 말했지요. 수남이 말 가족은 용기를 내어 강을 건너가 행복하게 살았답니다."

아이들은 옛날이야기가 다 끝나기도 전에 잠이 든다. 말 이야기를 자주 하다 보니 제주도에 가고 싶다. 바다 건너가 궁금해졌다.

오늘은 커다란 배가 아이들 놀이터다. 이렇게 큰 배를 타는 것은 처음이다. 아이들은 제주도로 가는 네 시간 동안 쉬지 않고 뛰어다닌다. 바다 위를 이리저리 뛰어 다닌다. 아이들은 바다를 바라보며 무슨 생각을 할까?

제주도에서 우리 가족은 동화 속 주인공이 되었다. 날마다 동화 나라를 여행한다. 수남이는 말을 타고 엄마와 민정이는 마차를 몰고 아빠는 공주(?)가 되었다. 호박마차를 타고 하늘을 날아볼까나?

한라산 중턱에 있는 목장에서 말을 탄다. 중산간 도로를 달리는 우리 집을 목장 주인장이 멈춰 세우고는 공짜로 말을 태워줬다. 수남이는 말을 듣지 않고 말을 잘 탄다. 아직 어려서 혼자 타면 위험하다는 어른들의 말을 좀체 들으려 하지 않는다. 수남이는 말을 보더니 고집이 세졌다.

수남이는 몸과 마음이 굳어 버린 어른들보다 말을 잘 탄다. 혼자 말을 타고 달리는 수남이를 보니 몽골에 가고 싶어졌다. 끝없이 펼쳐진, 하늘과 풀밭이 닿아 있는 땅에서 말을 달려보고 싶어졌다. 아이들은 이렇게 기쁜 오늘을 기억할까?

무엇이든 잡는 것을 잘 못하는 아빠와는 달리 수남이는 물고기를 잘 잡는다. 아빠가 새우를 바늘에 끼워주고 함께 낚싯대를 바다에 드리우는데 수남이는 벌써 다섯 마리나 잡았다. 아빠는 어김없이 하나도 못 잡았다. 오늘 점심은 물고기를 구워 먹을 수 있겠다.

가르침은 배울 수 있는 기회와 장소를 마련해 주는 것이다. 배움은 모든 것을 억지로 가르친다고 완성되는 것이 아니다. 수남이는 배움을 스스로 완성해 간다.

비가 오는 날에도 우리는 소풍을 간다. 용이 살고 있다는 커다란 동굴을 탐험하고 따뜻한 유월 비를 맞으며 논다. 이상한 나라 제주도는 여행자에게 천국이다. 한라산을 중심으로 서쪽에 비가 오면 동쪽에는 안 오고, 북쪽과 남쪽도 그렇게 다를 때가 많다. 바닷가에서는 먹을 것을 구하기도 쉽다. 동서남북이 장날도 다 달라서 적은 돈으로 푸짐하게 장도 볼 수 있다.

어제는 제주 오일장에서 이천 원짜리 자장면을 맘껏 먹었다. 장날에만 문을 여는 그 집은 빈 그릇을 가져가면 다시 맛있는 자장면을 채워 준다.

우리는 비를 찾아가기도 하고, 햇살이 비추는 곳으로 달리기도 하고, 장날을 찾아다니기도 하면서 제주도를 뱅글뱅글 돈다.

도시에 사는 친구가 아들과 함께 놀러왔다. 수남이보다 한 살 많은 민이는 대장이 되어 동생들을 잘 데리고 논다. 바닷가에 놀이학교가 차려졌다. 오래전부터 꿈꾸던 자연학교를 여행길에서 만났다. 힘겹게 만들고자 노력할 때는 안 되던 자연학교를, 자유와 행복을 누리는 여행길에서 만나다니!

식물원에 사는 새들과 친구가 되었다. 조심스러운 만남이다. 식물원에 살고 있는 새들은 친근하게 다가오는데, 아이들은 낯선 친구들에게 다가가는데 조심스럽다. 여행자의 삶이 늘 그렇다.

낯선 곳에 도착하면 처음 만나는 동네 분에게 조심스럽게 묻는다. "여행하는 가족인데요. 여기에 버스를 세워도 될까요?"

안 된다고 하는 사람은 몇 달 동안 한 번도 만나지 못했다. 오히려 "여기보다는 저쪽이 넓고 조용할 거예요." 하거나 화장실과 식수대가 있는 곳을 가르쳐 주는 친절한 사람들이 많았다. 전기를 빌려

주거나 먹을 것을 나눠 주며 관심을 보이는 사람들과는 이야기가 깊
어지고 일거리를 주면 일을 하고 도울 일이 있으면 그냥 도와주면서
친숙해진다. 우리 가족은 어느새 여행자의 삶을 살아가고 있다.

장마가 시작되려는지 비 오는 날이 많아졌다. 아직 가보고 싶은
곳이 많이 남아 있지만 섬에서 나가야 한다. 장마가 지나고 관광철
이 시작되면 돈을 내지 않고 즐기던 곳에서도 돈이 필요하다. 무더
운 여름을 나려면 강원도가 좋겠다.

아! 동해 일주
: 사람, 사람들

제주도에서 나와 남해바다를 돌고 동해안을 따라 강원도로 향한다. 산과 바다가 어우러진 동해안은 풍요롭다. 산에서는 산나물을 뜯고, 바다에서는 조개와 미역을 줍는다. 힘들여 농사를 짓지 않아도 먹을 것들이 많다. 옛날 옛적 유목민의 삶이 이러했을까? 추위와 더위를 피해 이동하면서 먹을 것을 구하고 씨를 뿌리고 다시 제자리로 돌아오는 여행으로 살아가는 삶, 우리 가족은 현대판 유목민이다.

동해 여행에서는 귀한 선생님들을 만났다. 작은 강과 바다가 만나는 곳에서 투망으로 물고기를 잡는 어른의 살아온 이야기를 들었다.
평생을 시멘트 공장에서 일을 해서 아이들을 키우고 대학공부를 시켜 도시로 떠나 보낸 아버지는 외롭다. 자식들은 세상 사람들이 이야기하는 성공한 삶을 살아가지만 희생으로 키워 낸 아들들은 아버지를 돌아보지 않는다. 사회적으로 성공한 자식들이 자랑스럽기는 하지만 아버지는 외롭다. 외로움을 달래기 위해 고된 노동으로 쇠약해진 몸을 이끌고 매일 바다로 나와 물고기를 잡는다고 한다. 잡은 물고기는 비슷한 처지의 동네 노인들에게 나누어 준다.

외로움은 사람을 찾게 하고 만남은 작은 나눔으로 서로를 위로한다. 외로운 아버지의 이야기를 귀 기울여 들으며 소박한 저녁식사를 함께했다. 아버지는 커다란 물고기 한 마리를 주시면서 다시 여기에 오면 찾아 달라며 전화번호를 적어주신다. 참 고마운 선생님이다.

축산항 축산 등대 아래에는 작은 포장마차가 하나 있다. 주인아 저씨는 바위타기 놀이를 하던 아이들을 불러 맛있는 조개를 삶아 주셨다. 아저씨는 손가락이 없다. 젊어서 고향을 떠나 공장생활을 하다가 프레스 기계에 손가락 모두를 잃었다.

"벌이가 없어지고 절망의 시간을 보내는 동안 아이 하나를 남겨두고 아내마저 집을 나가버렸어. 딸아이를 데리고 고향으로 돌아와 죽을 생각으로 방안에 연탄불을 피웠지만 말똥거리는 눈으로 아빠를 바라보는 딸아이를 보고서는 아이를 위해 살아야겠다는 생각을 했지. 살아야겠다고 마음을 먹으니 고향 친구들이 도와줘서 포장마차를 열었어."

아저씨는 짧게 남은 엄지와 새끼손가락으로 칼질을 해서 음식을 만들고 바다에 들어가 조개도 따고 횟감도 잡아 오신다. 저녁이 되니 아주머니와 여자애들 셋이 포장마차로 왔다.

"애를 키우며 어렵게 살고 있는 나에게 천사가 나타났어. 다시 결혼을 해서 딸 둘을 낳았지. 큰딸은 다 커서 아빠 일도 도와주고 그래. 아내는 낮에는 공장에 나가고 밤에는 이렇게 같이 포장마차 일을 하지. 우리 식구들은 지금 행복해.”

아저씨는 힘들게 잡아온 물고기며 해삼 조개들로 요리를 해서 어렵게 사는 동네 분들에게 나눠 주기도 하신다.

“이렇게 조금이라도 나누는 것이 동네 분들에게 은혜를 갚는 거라고 생각해.”

힘겨운 삶을 살아오신 아저씨는 해맑게 웃으신다. 아저씨가 위대해 보였다. 오늘도 훌륭한 선생님을 만났다.

텅 빈 해수욕장을 독차지하고 노는 아이들! 드넓은 모래밭은 아이들 놀이터로 최고다.

아이들과 바다를 걷는다. 따뜻한 바닷물과 부드러운 모래가 살에 닿는 느낌이 좋다. 이곳도 머지않아 피서객이 몰려들 것이다. 한가한 초여름 바다를 맘껏 즐기고 북쪽으로 올라간다. 무더위와 함께 피서객이 몰려들기 전에 산속으로 들어가야겠다.

정선에서 여름을 나다

    터덜거리는 낡은 버스로 높은 고갯길을 오른다. 구불구불 이어진 저 길을 돌아가면 새로운 세상이 펼쳐질 것 같다. 고갯마루에 올라서니 생각했던 대로 작은 분지에 아늑한 마을이 눈에 들어온다.

    맑은 시냇물이 흐르고 시원한 숲이 가까운 곳에 자리를 잡는다. 여름 한철을 머물러야 하니 마실 물과 먹을 것을 구하기 쉬운 곳에 집을 세웠다. 워낙 높은 곳이어서 아침저녁으로는 선선한 바람이 불고 모기마저도 없어 여름을 나기에 딱 좋은 곳이다.

    워낙 작은 마을에 관광지로 알려지지 않은 곳이어서 이 좋은 계곡에 사람들도 없다. 구멍가게도 없으니 가끔 정선 장날에 나가 생활필수품 몇 가지만 구해서 들어오면 여름 한철을 행복하게 보낼 수 있겠다. 오늘부터는 여기가 우리 여름집이다.

    오랜만에 움직이는 집이 날개를 펼쳤다. 동해 바닷가에서는 무서운 모기 때문에 집안이 더워도 문을 열어놓지 못했다. 해수욕장에서 노느라 바닷물에 절은 옷들을 맑은 물에 빨아 여름 햇살에 널어놓았다. 따가운 여름 햇살에 빨래는 뽀송뽀송 말라가고 날개를 펼친 우리 집은 하늘로 날아오를 것만 같다.

고요한 숲 속에서 홀딱 벗고 새가 운다. 진짜 이름은 검은등뻐꾸기지만 울음소리가 꼭 "홀딱 벗고, 홀딱 벗고" 하는 것처럼 들린다. 아이들도 아침부터 저녁까지 홀딱 벗고 논다. 아이들은 볕이 뜨거운 낮에는 물에 들어가 물고기를 잡고, 엄마는 그늘진 숲에 들어가 산나물을 뜯는다. 봄에 나는 나물처럼 부드럽지는 않지만 살짝 데쳐서 요리를 하고 물고기 튀김과 함께 먹으면 맛이 일품이다.

밥투정을 가끔 부리던 수남이, 민정이는 여행길에서는 아무거나 잘 먹는다. 온 가족이 함께 잡고 함께 뜯고 요리도 함께해서일까? 아이들은 원시적인 삶에 익숙하다. 아이들은 아주 오래전 천 년, 이천 년 전의 삶을 기억하고 있는 것일까?

아직 말이 서툰 민정이는 요즘 들어 재롱이 부쩍 늘었다. 하루 종일 같이 있으면서도 아빠를 찾는다. 늘어난 재롱만큼 궁금한 것들도 많아졌다. 돌멩이, 나뭇가지, 풀잎, 꽃을 들고 와서는 "이건 뭐예요? 이거는요?" 하며 자꾸 묻는다.

사실 민정이는 그것들이 무엇인지 몰라서 묻는 게 아니다. "그건 풀잎이지요?" 하면 "아니예요. 애벌레예요."한다. "그건 쑥부쟁이 꽃이지요." 하면 "아니지요. 이건 나비예요. 아빠는 그것도 몰라요?"한다. 민정이는 사물을 사물로만 보지 않고 그것과 소통하는 것들과 연결시키거나 상상 속 동물들로 그려낸다.

아빠도 민정이를 따라 돌멩이 떡도 먹고, 나뭇가지 비를 맞으며 논다. 먹고 자고 놀고 또 먹고 자고 놀고, 하루하루가 반복되는 일상이지만 아이들과 함께 있으면 풍부한 상상력으로 날마다 새로운 모험을 하고 모든 하루가 특별해진다.

아이들은 빨리도 자란다. 여행을 시작할 때 누워만 있던 정수는 걸음마를 시작했고 수남이와 민정이는 몸도 마음도 쑥쑥 자랐다. 바람이 키운 아이들이다. 한 곳에 머물러 있는 한 달 동안 여러 친구들이 놀러왔다. 동생네 내외가 놀러와 아이들과 함께 특별한 날을 만들어 줬고, 우리 여행에 은인이자 선생이 되어준 다비드와 선한 친구가 여러 친구들과 함께 놀러왔다.

세계를 떠돌며 봉사활동을 하는 에릭, 미국 친구 제프 러자르, 캐나다 친구 니콜라 루소와 로버트가 놀러와 아이들과 재미있고 의미있는 시간들을 보냈다. 외국인 친구들도 아이들에게 다른 문화와 다른 언어에 익숙해지게 하는 선생님이자 친구가 되어줬다.

팔월 무더위가 지나고 아침저녁으로 찬바람이 분다. 바람 냄새가 달라지고 방향도 바뀌었다. 여름을 고맙게 잘 보낸 정선 북동을 떠나 서서히 남쪽으로 내려가야겠다.

선각산 자락에 베이스캠프를 준비하다

찾아갈 곳이 없는 여행자는 아주 가끔 외롭고 쓸쓸함으로 멍해진다. 나뭇잎이 물들어가는 산들을 따라 남쪽으로 내려왔다. 겨울을 나기 위해서는 어디엔가 자리를 잡아야 한다.

운이 좋게도 진안에 사는 오래된 친구가 우리 가족을 불러주었다. 겨울나기 할 곳을 찾는 우리 가족에게 친구는 자기가 쓰고 있는 집 한켠을 내주겠단다. 오래된 친구는 아무 조건 없이 무엇이든 내어준다. 오래 묵을수록 좋은 것들이 많다.

가을이 지는 백운동 계곡에서 몇날 며칠을 보내면서 베이스캠프가 있으면 좋겠다는 생각을 했다. 봄부터 가을까지는 유목민으로 세상을 떠돌면서 배움을 구하고 겨울에는 베이스캠프로 돌아와 여행에서 배운 것들을 정리하며 다음 여행을 준비하면 좋겠다.

좋은 생각은 언제나 좋은 결과를 만든다. 선각산에서 내리는 맑은 물이 있는 곳에 좋은 땅을 구했다. 땅 윗쪽으로는 집도, 논밭도 없어 계곡물을 그대로 마셔도 된다. 십 년 넘게 농사를 짓지 않아 기름지고 깨끗한 땅이다. 추운 겨울을 나거나 가끔 찾아와 쉴만한 땅이 생겼다.

땅을 구입하고 측량을 하고 보니 숲 속에 있는 밭에 삼십 년 넘게 자란 소나무들이 가득하다. 나무를 베어 작은 오두막을 짓는다. 세상을 떠도는 모든 여행자들이 함께 쓸 우리들의 집이다. 나무를 베어낸 자리에는 텃밭을 만들고 사과나무와 배나무를 심었다. 사과와 배가 주렁주렁 달린 숲 속 과수원에서 아이들과 즐겁게 노는 꿈도 꾼다.

나무를 베어 작은 오두막을 짓는다.
세상을 떠도는 모든 여행자들이 함께 쓸
우리들의 집이다.

추위와 더위를 피해 이동하면서
먹을 것을 구하고 씨를 뿌리고
다시 제자리로 돌아오는
여행으로 살아가는 삶,
우리 가족은 현대판 유목민이다.

3 : 배낭을 메고 낯선 나라로

중국, 몽골, 러시아 160일 여행기
떠남과 멈춤을 반복하는 몇 년 동안
아이들은 건강하고 조화롭게 잘 자랐다.
여행 중 넷째 진아가 태어나는 기쁨을
세 아이와 함께 누리기도 했다.
이제 아이들은 자기 짐을 스스로
책임질 수 있을 만큼 자랐다.
바다를 건너 먼 나라에서 바람이 불어온다.
새로운 모험을 시작할 때가 왔다.

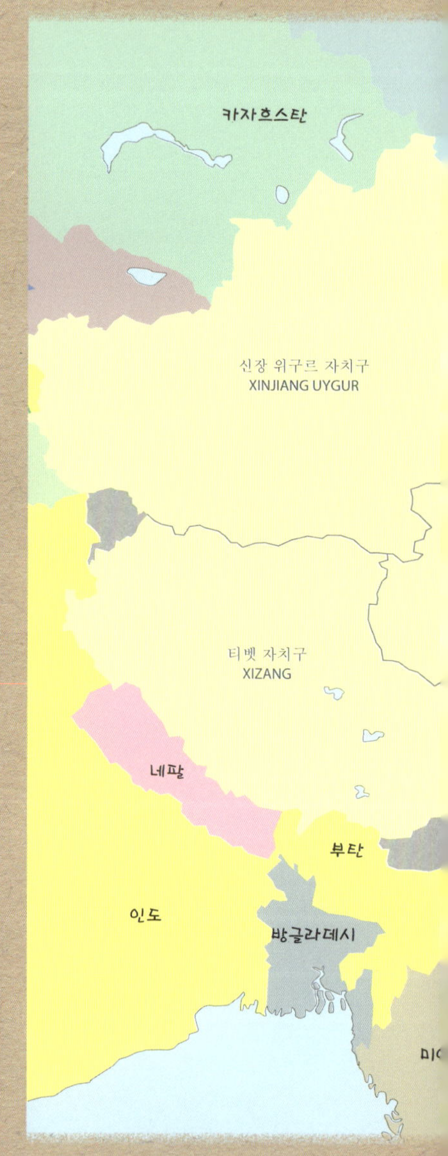

중국에서 세 달, 몽골에서 두 달,
러시아에서 한 달, 모두 6개월 동안
세 나라를 여섯 식구가
육백만 원으로 여행을 한다.

이르쿠츠크
알혼섬
바이칼호
러시아
날라흐
울란바토르
테를지 국립공원
몽골
중국
헤이룽장성
HEILONGJIANG
블라디보스토크
지린성
JILIN
장백
바이산
얼란후어터
네이멍구 자치구
NEIMONGGOL
통화
백두산
울란차부
라오닝성
LIAONING
단둥
집안
싱허
장가구
베이징(북경)
깐수성
GANSU
닝샤후이족
자치구
NINGXIA
HUIZU
산시성
SHANXI
허베이성
HEBEI
산둥성
SHANDONG
수남이네
베이스캠프
칭하이성
QINGHAI
쌴시성
SHAANXI
허난성
HENAN
장수성
JIANGSU
쓰촨성
SICHUAN
청두
후베이성
HUBEI
안후이성
ANHUI
저장성
ZHEJIANG
샹그릴라
리쟝
귀양
후난성
HUNAN
장시성
JIANGXI
푸젠성
FUJIAN
다리
쿤밍
구이저우성
GUIZHOU
계림
타이완성
TAIWAN
윈난성
YUNNAN
광시좡족 자치구
GUANGXI
ZHUANGZU
광둥성
GUANGDONG
베트남

   ## 여행 출발

　머나먼 나라로 여행을 떠나려 하니 많은 분들이 도움을 주셨다.
사진 찍는 후배는 여권사진을 찍어주고, 친누나는 여섯 식구의 여
권을 만들어 주었다. 마을연구소를 운영하는 친구가 부탁한 일로
번 돈은 비자와 비행기표를 마련하는 데 썼다.

　친하게 지내던 지인들과 친척들은 일거리를 마련해 주시거나
아이들에게 세뱃돈을 두둑하게 주셨다. 우리 가족의 삶을 늘 응원
하고 지켜봐 주던 형님들과 친구들도 여행경비를 보탰다. 너무나
고맙고도 소중한 마음들을 받았다. 그렇게 마련한 돈이 육백만 원
이다.

중국에서 세 달, 몽골에서 두 달, 러시아에서 한 달, 모두 6개월 동안 세 나라를 여섯 식구가 육백만 원으로 여행을 한다. 혼자서 쓰기에도 부족한 돈이라며 사람들은 모두가 불가능할 거라 했다. 어찌 보면 무모한 도전일지도 모르지만 현지 물가를 생각하면 가능할 것이다. 우리 가족은 '관광객'이 아니라 '여행자'다. 머나먼 남쪽 나라에서 봄바람이 불어온다. 또 다시 봄을 찾아 떠난다.

열 살 수남이, 아홉 살 민정이, 일곱 살 정수, 네 살 진아가 먼 나라로 여행을 떠난다. 진아는 아직 기저귀를 떼지 못했고 말도 잘 못한다. 하지만 다 괜찮다. 우리는 서로 사랑하고 지켜주는 가족이다.
새로운 모험을 떠나기 전 공항에서 뭔 영문인지도 모르는 진아는 떼를 쓰고, 모험을 좋아하는 수남이는 신이 났다. 듬직한 큰딸 민정이와 야무진 정수도 처음 타보는 비행기 여행에 설레여 한다.
2013년 2월 27일, 드디어 출발이다!

2월 28일 새벽, 쿤밍 공항에 도착하다

겨울 하늘을 날아 낯선 세계에 내렸다. 낯선 세계와 만난다는 것은 언제나 설레임과 약간의 두려움이 함께한다. 이른 새벽 눈을 떠 숙소 밖에 있는 정자까지 가까운 산책을 하고 오전에는 아파트 주위를 한 바퀴 돌고 주변 상가도 돌아보고 하며 낯선 나라에 조금씩 익숙해져 간다.
무작정 낯설기만 하리라 생각했건만 새소리에 눈을 뜨고 꽃향기

를 따라 걷는 길은 여느 봄과 비슷하다. 다른 세계에 나와 봄바람에
춤추는 꽃잎과 즐거이 논다.

아파트 정원, 참 좋구나!

쿤밍의 아파트는 놀랄 만큼 예쁘다. 야트막한 아파트들은 널찍널
찍 떨어져 있고 정원이 아름답게 꾸며져 있다. 1층에 사는 사람들에
게는 개인 마당과 정원이 따로 있다. 아파트 정원에는 시냇물도 흐
른다. 잔디가 깔리고 여러 가지 꽃들이 활짝 피어 있는 오솔길을 따
라가면 광장도, 놀이터도 만난다.

봄을 찾아 왔으니 봄과 놀으련다. 봄꽃이 만개한 아파트 정원을
느릿느릿 거닐며 다른 세계에 말을 건넨다. 아이들은 놀이터에서
중국 아이들과 슬쩍슬쩍 스쳐가며 놀고 봄에 취한 아빠는 낮잠이나
자고….

꼭꼭 숨어라, 머리카락 보일라

나비들이 숨바꼭질을 한다. 꽃과 나비가 봄과 노닐듯 보일 듯 말 듯, 숨은 듯 아니 숨은 듯, 풀잎 뒤에 숨어서 논다. 매일 한 번 정도는 중국 아이들에게 말을 걸고 잠깐씩 놀기는 하지만 말이 통하지 않으니 오래 가지 못하는 놀이로 끝난다.

아이들은 중국생활 3개월에서 6개월이면 의사소통이 자유로워진다고 하니 기다려 봐야겠다. 어찌되었든 먼 나라에 와서도 아이들은 빨리 적응하고 잘 논다.

흩날리는 꽃잎과 함께

아무것도 하지 않는, 아무 일도 일어나지 않는 날들, 하루 네 번의 산책, 평안한 적응기간이 나른함을 만들고, 바람에 흩날리는 꽃잎이나 구경하다가 도랑물에 떨어져 모여든 꽃잎들에게 말을 건넨다.

중요한 것들을 책임지겠다는 수남이에게 현금, 카메라, 지갑이 든 작은 가방을 맡겨두었는데 숙소에 돌아와 보니 없다. 봄날의 나른함과 함께 중요했던 허리에 두르는 가방을 잃어버렸다. 지난 일은 지난 일일 뿐, 경찰서까지 가서 조서도 썼다.

수남이는 시를 써서 팔아 여행경비를 보태겠다며 한글로 쓰고 중국어로 번역 중이다. 이제부터는 지갑도, 전대도 없이 카메라도 없이 핸드폰 하나와 작은 주머니로 먼 여행을 해야겠구나! 참 잘 됐다!

수남이 일기: 오늘은 불행이 왔다. 그건 바로 돈이 다 들어 있는 가방을 잃어버린 것이다. 난 너무 걱정이 되었는데 아빠는 걱정도 안 하고 그냥 나보고 걱정하지 말고 신나게 놀라고 했다. 그 가방을 나 때문에 잃어버려서 더 걱정이 되었다.

점심을 먹은 후 파출소에 갔다. 파출소에서 찾아준다고 했는데 시간이 많이 걸린다고 했다. 나는 더 걱정이 되었다.

집에 와선 걱정 싹 버리고 아빠 말처럼 신나게 중국 TV를 보았다. 내일은 무슨 일이 일어날지 궁금하다.

3월 4~8일 배앓이

주화씨 배앓이가 나아가나 싶더니 욕조에 뜨거운 물을 받아 목욕을 즐기던 진아가 그 물을 하도 많이 마셔 급성장염에 걸렸다. 사흘

간 앓다가 소아과 전문 대형병
원에 가서 치료를 받으면서
도 기진한 몸으로 중국 아
이들과 놀기는 한다. 말은
통하지 않지만 그럭저럭 잘
논다.
　셋째 정수까지 장염이 돌아
설사와 구토를 반복하니 계림으로
일정이 좀 늦어진다. 그래도 서로 걱정해
주고 돌봐주는 가족들 덕분에 모두들 빨리 나았다.

수남이 일기: 아픈 사람은 정말 많이 힘들 것 같다. 오죽하면 병
원도 3일이나 다니고 그것도 4살짜리가 링거를 맞으니 얼마나 아프
겠냐. 다음엔 목욕물을 먹지 말라고 타일러야겠다.

3월 11일 계림에 가다

　수박만 한 단단한 빵, 달걀 12개, 식빵, 컵라면 6개, 감자, 옥수
수 등을 준비한다. 긴 기차여행을 하려면 많은 음식을 준비해야 한
다기에 챙긴 음식이 배낭 무게와 비슷하다. 기차에 오르자마자 무서
운 속도로 먹어 치우는 아이들, 2박 3일 동안 먹을 음식 3분의 1이
한 끼에 없어졌다. 침대칸 아래쪽 두 칸과 중간 한 칸이 3일 동안 우
리 집이다

중국 기차요금은(아이들에 한해서겠지만) 키를 기준으로 받는다. 키가 120센티 미만이면 요금이 없고 150센티 미만이면 반값이다. 다음 역에서 기차에 오른 청년들이 맨 윗층에 자리 잡고 심한 발냄새로 집안을 가득 채운다. 한적한 시골길을 지나 작거나 큰 도시들을 만나면 모두가 공사 중이다. 급성장하는 도시들, 먼지가 참 많구나!

　20년을 거슬러 올라간 시간들이 현재와 공존하고 있다. 강가 주변으로는 호화주택이 늘어서 있고 어느 곳은 재개발을 기다리는 초라한 골목들이 있다. 조용한 시골동네, 작은 도시 계림을 상상했으나 빠르게 개발되고 있는 거대도시 계림을 만났다. 하루 쉬고 내일은 양수오로 가야겠다.

　시장에서 쌀국수 5원짜리(한국 돈으로 900원) 5인분 먹고, 싱싱하고 값싼 과일(오디, 딸기, 포도)로 저녁을 준비했으나 간식으로 해치우는 아이들! 그래도 과일값이 싸서 다행이다. 시장에 가서 다시 장을 봐왔다. 커다란 파인애플 하나가 금방 없어진다.

저녁이 되면 수남이 민정이는 일기를 쓰고 정수는 그림을 그린다.
잠들기 전 얼마 동안은 중국 TV 만화를 보면서 중국말을 배운다. 해
발 2,000미터 쿤밍에서 3일 만에 평야지대로 내려오니 머리가 심하
게 아프다.

흥정을 배우다

계림에서는 정수가 대장이다. 무엇이든 선택을 해야 하는 상황에
서는 정수가 결정하기로 한다. 여관방 정하기, 승강기도 없는 허름
한 여관 1층에서 5층까지 빈방이 많건만 정수는 5층에 있는 방이 맘
에 든단다.

창밖으로 옆건물 3층 옥상에는 버려진 화분에 선인장이 자라고 있
다. 그것도 깨진 화분을 벗어나 풍화된 시멘트 옥상에 뿌리를 내리
고 번지고 번져 무성한 선인장 숲을 이루었다. 정수의 눈에 선인장
이 들어왔나 보다.

기차역 안내소에서 180원 하던 여관비를 처음 만난 호객녀는 120
원을 부르더니 두 번째는 100원, 세 번째는 90원이라 해서 방을 잡
았는데 이른 아침 여관 주변을 둘러보니 더 깨끗하고 잘 차려진 여관
이 58원, 68원이다. 중국에서는 흥정을 잘 해야겠구나!

1원 하는 왕만두로 가벼운 아침을 먹고 양수오로 가는 버스비 흥
정에 나선다. 여섯 식구 버스비가 1차 130원, 2차 100원, 3차 80원,
호객녀는 계속 따라오며 가격을 내린다. 70원에 가자 하니 안 된다
하다가 출발하는 버스를 잡으니 60원이다. 두 시간 거리 버스비가

한국 돈 만 원이면 참 싸다. 중국에서 말이 잘 통하지 않는 흥정을
배운다.

　수남이 일기: 여관을 정하는 데 너무 힘들었다. 처음 간 곳은 100
원 두 번째 간 곳은 90원, 엄마 아빠는 90원에서 잠을 자자고 했다.
다음날 여관에서 나와 아침을 먹으러 만두집에 갔다. 아침밥으로 만
두와 국수를 먹었다. 그 다음 다시 여관에 와서 손톱을 깎고 짐을 챙
겨서 버스를 타고 양수오로 떠난다.

3월 12일 오후　눈 뜨고 코 베인

　버스 가격을 60원에 흥정하고 기분 좋게 양수오에 도착, 터미널
이 아닌 곳에서 외국인들을 내리게 한다. 게스트하우스까지 안내
하겠다는 밴택시가 여럿이다. 걸어서 찾아갈 생각이었으나 걸어서

는 절대로 못 간다는 말에 속아 40원 달라는 것을 30원에 깍아 탔는데… 이건 뭐지? 3분도 안 되는 거리에 터미널이 있고 터미널 조금 지나서 내리라 한다. 아차! 눈 뜨고 코 베였다.

어제 저녁 후식으로 오디 한 되를 다 마셔버린 진아는 길을 가면서도 오디색깔 감자만 한 똥을 잘도 싼다. 기저귀 갈아주는 일이 번거롭긴 하지만 잘생긴 똥이 예뻐서 재미있다.

값싼 게스트하우스를 찾아나선 지 얼마 안 되어 참 좋은 곳을 만났다. 영어가 통하는 여주인에 한국영화를 스크린으로 보고 있는 사람들, 아래층 카페 이름도 좋다. 'under the tree'.

"나가, 나가!"

배낭을 풀자마자 나가자고 외치는 진아의 성화에 길을 나선다. 아이 둘씩을 태울 수 있는 자전거를 빌려 달리고 달렸다. 강가를 달리고, 서가 골목골목을 달리고, 스쳐가는 모습들로 동네 구석구석을 눈에 담고 강가로 나간다.

따스한 날씨에 대장 정수가 강에 발을 담그더니 그대로 강물로 들어가 버리고 뒤를 따라 민정이, 수남이가 동참하니 그림 한 장이 완성된다. 쬐끄만한 진아는 말리는 엄마 손을 흔들며 말한다.

"나도, 나도!"

그림 같은 산, 들과 강, 그 속에서 아이들이 놀고 있다.

하루 70원 하는 방을 3일간 계약했는데 오래 머물고 싶은 마음에 더 싼 방을 알아봐야겠다. 강 건너에서 말을 타고 달리는 사람들을 본 수남이는 벌써 몽골에 가고 싶다는 말을 하고…

그림 같은 산, 들과 강,
그 속에서 아이들이 놀고 있다.

수남이 일기: 점심을 먹고 수영을 했다. 점심 메뉴는 오므라이스, 김치국, 오징어볶음이었다. 점심을 먹고 강에 갔다. 아빠가 오늘은 수영을 하자고 했다. 강으로 가기 전에 먼저 신발을 갈아 신고 옷을 갈아입고 강으로 갔다. 내가 먼저 준비운동을 했다. 그 다음 몸에 물을 묻히고 바로 물싸움을 했다. 그리고 물 위로 달리기도 했다.

그런데 아빠가 다슬기를 잡아서 우리도 같이 잡았다. 다 잡은 다음 끓여 먹으려고 했는데 가스가 없었다. 그래서 부탄가스를 산 다음 먹기로 하고, 다슬기는 물속에 보관해 두기로 했다. 우리가 올 때까지 잘 있었으면 좋겠다.

3월 14일 정수 대장놀이

계림 양수오에서 대장은 정수다. 어딜 가나 대장 노릇을 하는 정수지만 대장이라는 자리를 만들어 주니 정수 태도가 달라진다. 일단 동생을 챙긴다. 먹을 것에서부터 길을 걸으며 뒤처지는 동생을 마지막까지 돌보는 정수가 재미있다.

강가를 거닐며 이른 아침 강가에서 빨래하는 아낙(할머니?), 할아버지를 먼 산과 함께 보고 고기 잡는 어부를 만나며 평안과 마주한다. 조용한 강이, 봉우리만 남은 산이 주는 평안의 인사일까?

수천 년을 그대로 흘러온 강의 고요! 깎이고 씻겨 흙이 된 제 살들로 나무를 키우고 곡식을 자라게 한 저 많은 봉우리들, 천 개의 봉우리들 앞에 쭈그리고 앉아 있는 나를 본다. 봉우리를 에둘러 흐르는 강물의 고요와 봉우리들의 속삭임을 안아보고 싶다. 빨래터의 아낙

이 되고 대나무 배를 타고 나뭇잎처럼 팔랑이는 어부가 되고 싶다. 학교를 마치고 강을 건너 집으로 돌아오는 어린 손자를 태우러 대나무 배를 노저어 오는 할머니가 되어 리강에 살아 볼까나? 아이들과 함께 강을 거슬러 오르는 산책길이 마냥 즐겁다.

3월 15일　art creat work space

　어제 아이들과 답사한 자전거 트레킹 코스를 온 가족이 걷는다. 어제까지는 열지 않았던 길거리 상점들은 물건을 진열하느라 분주하다. 계림 시내에서 양수오로 오는 유람선이 들어오는 날인가 보다. 여기는 배가 들어오는 날이 장날이구나! 안내표지판의 길을 따라가다 보면 작은 원주민 마을이 나온다길래 힘들어하는 아이들을 달래며 숲 속을 걸어간다.

관광객은 아무도 없다. 가끔 자전거나 오토바이를 타고 마을을 오가는 원주민만이 있을 뿐, 이렇게 따뜻한 동네에서 소나무도 만나고 겨울이라고 하기에는 너무나 따뜻한 곳이지만 나름 겨울을 보낸 나뭇가지에 돋아나는 새싹들과 인사하며 한참을 걸어 들어가니 눈에 확띄는 건물이 나온다.

낯익은 음악이 흘러나오고 작은 텃밭에는 열무, 마늘… 등이 오밀조밀 가꾸어져 있다. 허름한 창고에는 자전거 대여 간판이 걸려 있고 강가 쪽을 내려다보니 쓰러져 가는 오막살이에는 토종닭이며 물고기 등속을 판다는 간판이 있다. 아직 장사는 안 하는 모양이다. 민정이, 정수는 꽃을 따 모으는 놀이로 여념이 없고 진아는 그 꽃을 받아먹으며 좋아라 한다.

수남이는 멀뚱멀뚱 먼 산이나 바라보고, 음악소리를 따라 카페 안으로 들어가니 잘 정돈된 공간에 드럼이며 기타가 있고 여러 가지 작품들이 반긴다. 외딴 곳에서 카페 겸 작업실을 운영하는 예쁜 연인과도 인사하고 발길을 돌려 집으로 오는 길, 수업을 마치고 집으로 가는 아주 많은 아이들과 함께 걷는다.

오래된 것들, 그리운 것들

아침 산책에서 리강의 전통 대나무 배를 만난다. 조금 커지고 편리해진 대나무 모양 플라스틱 배에 밀려난 것일까? 수로와 연못의 쓰레기를 치우는 용도로 전락해 버린 대나무 배가 눈에 들어왔다.

물고기를 잡거나 강 건너 마을을 오가던 배가 편리와 효율에 밀려 쓰레기를 등에 얹고 연못 위에 떠 있다. 인생의 뒷전으로 내몰린 듯 보여 안쓰럽기도 하지만 인간이 버린 쓰레기를 지고 묵묵히 떠 있는 모습이 아름답다.

　　버드나무 가지가 늘어진 연못에 대나무 배가 쉬고 있다. 어느 날이었을까? 어부를 태웠든 연인을 태웠든, 낮잠 자는 주인을 태웠든 했을 조각배가 들고 나는 물길이 막혀 버린 연못에 떠 있다. 물풀이 빼곡히 자라 연못 위에 이는 바람결에도 움쩍하지 못하고 버드나무 아래에서 쉬고 있다. 나는 이것들을 찾아 양수오에 온 것인가? 오래된 그리움을 찾아!

　　이번에는 내가 장염에 걸려 고생하고 있다. 온 식구가 한 번씩 돌아가며 앓는 장염이 고맙다. 중국 여행에서는 길거리 음식과 물을 조심해야 한다는 중요한 교훈을 얻었다.

봉우리에 오르다

새벽 산책길에서 보아둔 산으로 간다. 재래시장을 지나며 1원짜리 왕만두 몇 개를 사고 언젠가 걸어 본 듯한 숲길을 따라가니 뾰족한 봉우리로 오르는 계단이 나온다.

중국인들에게만 개방된 공원은 아닐 터인데 외국인들은 보이지 않는다.(양수오는 따뜻한 날씨와 아름다운 강, 암벽등반하기에 좋은 산들 때문에 서양 관광객들이 북적인다.) 한가한 공원에 조용한 등산로를 우리 식구들만 오른다. 정상에 올라 내려다보는 양수오의 산들과 작은 도시가 아름답다. 깃발을 따라 몰려다니지(양수오에서 처음 본 풍경인데 한국과 일본인 관광객들은 깃발을 따라 줄을 서서 다닌다.) 않는다면 이 좋은 것들을 오롯이 감상할 수 있다.

수남이 일기: 아침을 먹고 아침산책을 했다. 우리는 아침마다 공원에 간다. 운동을 하고 산에 올라갔다. 산꼭대기에 올라오니 상쾌

했다. 밑을 내려다보니 마을이 다 보였다. 마을 구경을 하고 나 먼저 밑으로 내려왔다. 그런데 엄마와 아빠와 동생들이 안 내려왔다. 다시 올라가서 데리고 공원으로 왔더니 밥을 먹으러 가자고 했다. 다음에 또 와야지!

며칠간 고생을 하고 장염이 나아간다. 상묵 형이 주신 약과 진아, 정수가 남긴 약을 먹어서인지 생각보다 회복이 빠르다. 기운도 차릴 겸 조선족 어머니에게 음식을 배웠다는 집에 들러 한국음식과 비슷한 김치국물 국수와 오므라이스 두 개, 김치찌개를 49원에 먹었다. 한 끼 식사로 한국 돈으로 9,000원 가량의 목돈을 쓰긴 했지만 먹고 나니 속이 편하다.

양수오에서 우리 식구들은 중국에서 적은 돈으로 살아가는 법을 배웠다. 첫째는 흥정을 잘 하는 것이다. 버스를 탈 때나 물건을 살 때는 우선 중국 사람들이 얼마를 내는지 잘 살펴본다. 그리고는 주인이 제시한 금액에서 얼마를 깎는다. 두 번째는 중국 사람들과 섞여 살아가는 것이다.

우리 가족은 관광객들이 북적거리는 곳에서는 밥을 먹지도, 물건을 사지도 않는다. 관광지에서 조금만 벗어나면 중국 사람들이 이용하는 값싼 식당들이 즐비하다. 물론 외국인들이 많이 다니는 번화가에는 먹음직스러운 음식들이 많다. 하지만 1인분에 100원에서 200원 하는 금액이니 우리가 먹는 중국음식에 비하면 10배가 넘는 돈이다.

우리는 아침 식사도 중국 사람들과 똑같이 한다. 아침 일찍 시장에 나가면 1원짜리 왕만두와 1.5원 하는 신선한 콩물을 구할 수 있다. 어른에게는 부족할지 모르지만 아이들에게는 맛도 좋고 건강에도 좋고 충분하다.

좀 부족하다 싶으면 시장에서 값싼 제철 과일을 사먹으면 된다. 이렇게 생활하면 하루에 20,000원에서 25,000원 가량을 쓰게 된다. 이만하면 떠나올 때 생각했던 대로 중국에서 세 달을 여유롭게 살아낼 수 있겠다.

3월 17일 비가 오고 해가 뜨고, 세외도원으로 가는 길

자동차나 자전거를 타고 가야 하는 먼 길을 걷는다. 이렇게나 아름다운 풍경이 있다니! 시내를 벗어나 시골 길로 들어서고부터는 어느 것 하나에도 눈을 뗄 수가 없다.

불쑥 불쑥 솟아오른 각기 다른 모양의 봉우리들, 띄엄띄엄 나타나는 아담하고 예쁜 집들, 돌담에 피어난 꽃들, 우물물을 퍼 올리는 작두, 괭이 한 자루로 농사일을 하는 늙은 농부, 바지를 내리고 오줌을 싸는 아이, 우물물을 길어 아이를 씻기는 할머니, 어린 시절 정겨운 고향으로 돌아온 느낌이다. 말로는 다 하지 못할 감동들을 사진 속에 담았다. 담아 놓고 보고 또 봐야겠다. 길이 너무 멀어 좋은 경치만 즐기다가 숙소로 왔다. 세외도원에는 자전거를 빌려 타고 가야겠다.

요즘은 매일 두어 시간 정도는 비가 내린다. 봄을 부르는 비다. 양수오에 사는 사람들은 아직 두꺼운 옷을 입고 다닌다. 꽃들이 피어 있고 나뭇잎들도 푸르지만 여기 사람들에게는 아직 겨울이다. 리 강 상류에는 비가 많이 왔나 보다. 어제까지만 해도 산책하던 길에 물이 차올랐다.

아이들은 무릎까지 차오른 강가 산책로에서 물놀이를 한다. 물싸움으로 가볍게 시작한 물놀이는 물 위를 달리는 놀이로 번지더니 깊은 물에 몸을 담그고, 주저앉아 놀다가 또 달린다. 우연히 발견한 다슬기가 물놀이를 멈추게 하고, 빨라진 물살을 피해 느릿느릿 물가로 올라온 다슬기를 잡는 놀이로 하루가 간다.

3월 20일   Samsara clothing Arts & Crafts
원두 소넘스 조르뎀을 만나다

어디선가 만났음직한 친구를 다시 만났다. 티벳이 고향이고 형제들은 샹그릴라에 살고 있다는, 머나먼 세계를 돌고 돌아 풍찬노

숙이 몸에 배어 바람의 냄새가 나는 친구다. 어쩌면 이국땅으로 느껴질 이곳에서 친구는 젬베를 두드리며 영어와 중국어로 관광객들을 만나고 티벳 전통 옷과 기념품, 악기, 음반 등을 팔아서 생활하고 있다.

먼 나라에서 고향친구를 만난 느낌이 이럴까? 우리는 금방 친해졌다. 아이들과 함께 젬베를 신나게 두드리고 춤을 추며 놀다가 어느 시절엔가는 한 식구로 살았음직도 했을 거라는 생각이 들었다. Samsara(산스크리스트어로 '흐름'이라는 뜻으로 생명체가 생사를 반복함을 가리키며, '생사'(生死)라고도 번역된다. 출처:브리트니커백과사전) 간판에 새겨진 단어가 가슴에 와 닿는다. 한참을 놀다가 숙소로 돌아가는 우리 식구들에게 친구는 내일도 같이 놀자고 한다.

 저녁을 먹고 저녁산책을 했다. 그런데 지나다 아빠가 젬베를 같이 치는 곳을 발견했다. 그래서 아빠가 같이 치자고 했

다. 아빠랑 거기 주인이랑 같이 치는데 동생 진아가 아이스크림을
보더니 사달라고 했다. 그런데 어떤 아저씨가 사주셨다. 내가 보니
엄청 긴 아이스크림이었다. 한 20센티미터 정도 되었다. 내가 한
번 먹어봤는데 완전 대박 차가웠다. 너무 맛있었다. 다음에 또 먹
고 싶다.

3월 21일 아이들과 다름을 보다

　아이들과 리강을 따라 흐르는 배를 탔다. 이번에도 흥정을 잘 해
서 150원 하는 배를 온 가족이 50원에 탔다. 가랑잎 배를 타고 강물
을 따라 흘러가며 바라보는 양수오의 산들! 세상 어디도 아닌 꼭 여
기에만 있는 풍광들이 펼쳐진다. 아이들과 양수오의 특이한 산들이
며 언제나 꽃이 피고 푸름이 지지 않는 자연환경과 노는 듯 일하는
듯 살아가는 사람들 이야기를 한다.

　날마다 다른 사람을 만나고 낯선 환경들과 낯선 말들을 만난다.
아이들은 다름을 있는 그대로 받아들이는 것이 자연스럽다. 그래서
인지 중국말을 아빠보다 더 많이 알아듣는다.

　'언제부터인가 다름에 대하여 인정해야 한다. 그래야 자유로울
수 있다.'는 말을 자주 듣는다. 하지만 다름을 진정으로 인정하면
서 이런 말을 하는 사람은 없다. 자연이 보여주는 진실은 다름이지
만 인간이 인정하는 다름은 제 생각에 의해 재단되고 정리된 교만한
마음에서 나오는 다름이다. 다름은 인정하는 것이 아니라 받아들여
야 하는 것이다. 진실한 눈은 다름을 있는 그대로 바라보는 데서부

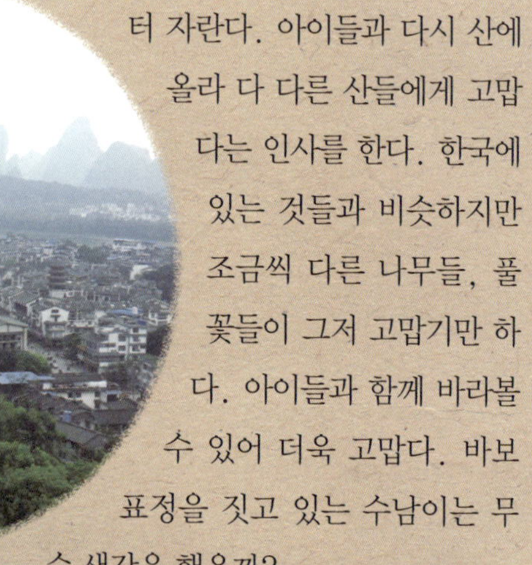

터 자란다. 아이들과 다시 산에 올라 다 다른 산들에게 고맙다는 인사를 한다. 한국에 있는 것들과 비슷하지만 조금씩 다른 나무들, 풀꽃들이 그저 고맙기만 하다. 아이들과 함께 바라볼 수 있어 더욱 고맙다. 바보 표정을 짓고 있는 수남이는 무슨 생각을 했을까?

3월 23일 ## 봄에 떨어지는 푸른 잎, 진아도 길을 안다

봄은 언제나 앙상한 가지에 물이 오르고 촉촉해진 줄기에 잎이 돋는 줄로만 알았더니, 양수오의 봄은 따뜻한 봄바람에 푸른 잎을 떨구는 날들로 온다. 오늘 아침 산책길에서는 어젯밤에 불어온 봄바람에 푸른 잎을 모두 떨어뜨린 앙상한 나무를 만났다. 봄에 떨어지는 푸른 잎이 하도 이상해서 나뭇가지를 살펴보니 새 잎이 돋고 있다. 아직 푸른 잎이 푸르러질 잎을 위해 자리를 내어주는구나! 나는 언제 누군가를 위해 제자리를 온전히 내어준 적이 있었던가! 양수오에서는 봄에도 잎이 진다.

양수오에서 열 하루째다. 리강을 친구삼아 놀고, 공원을 거닐고 특별한 산에 오르며 놀았다. 재래시장을 돌며 장을 보고 관광지 골목골목도 누비고 다녔다. 하루일과가 느리고 뻔한 것 같지만 빠르게 지나간다. 행복이란 것은 멀리 있지 않다. 익숙해진 일상마저도, 아무렇지 않게 흘러가는 것을 바라보는 것으로도 오늘이 고맙고 행복하다.

저녁밥을 먹고 골목 산책에 나서면 27개월 된 진아가 길을 안내한다. 오늘도 삼사라에 간다. 진아는 티벳 아저씨 가게에 가면 아이스크림이나 간식거리가 생긴다는 것을 안다. 아이들은 지나가는 외국인들이 사주는 간식을 잘도 받아먹는다. 수남이, 민정이, 정수는 약간 쑥스러워하지만 진아는 거리낌이 없다. 돌아오는 길도 앞장서는 것을 보니 진아도 골목길에 익숙해진 모양이다. 너무 익숙해지면 여기에 눌러앉아 버릴지도 모르겠다. 떠나야 할 때다.

세외도원에 가다

양수오에서 꼭 가보고 싶었던 세외도원에 간다. 서울김밥집에서 도시락을 준비하고 새벽장에 나가 과일도 샀다. 세외도원에 대한 기대가 커서였을까? 출발부터가 쉽지 않다. 식구들을 한꺼번에 태우려고 빌렸던 세발 짐자전거는 축이 휘어 있어 앞으로 반듯하게 움직이지 않아 반납하고 여러 사람이 탈 수 있는 자전거 두 대를 다시 빌렸다. 수남이는 자전거가 너무 크고 무거워서 탈 수가 없다며 울고불고 난리다. 간신히 진정을 시키고 자전거 타기를 배운다.

"수남아! 크고 무거운 것은 문제가 되지 않아. 균형을 잡고 눈은 멀리 보고 달리면 자전거 타기는 쉽게 배울 수 있어. 아빠하고 냇가에서 돌세우기 했던 거 기억 나지? 아무리 무겁고 뾰족한 돌도 균형만 잘 잡으면 넘어지지 않아. 자, 무서워하지 말고 해 보자!"

몇 번의 도전으로 수남이는 자전거 타기에 익숙해졌다. 얼마 지나지 않아서는 동생도 태우고 달린다. 무서워하지 않고 노력하면 배울 수 있다는 것을 성공적으로 공부한 날이다. 몸으로 배운 것들은 잊혀지지 않으니 더욱 소중한 경험이다.

땀으로 목욕을 하다시피 자전거를 달려 겨우 세외도원에 도착했다. 양수오 서가에서 도원까지 자전거를 타고 달려온 가족은 우리밖에 없다. 아이들과 함께하기에는 좀 힘든 트래킹 코스다. 조용히 굽이돌아 흐르는 강물과 오래된 집들이 아름답다. 수남이는 정수를 태우고 아빠는 엄마와 민정이 진아를 태우고 힘들게 지나온 길들을 생각하니 더 아름답게 느껴진다.

세외도원에서 전통생활방식을 보여주는 사람들과 사진도 찍고 추억을 하나 만들었다. 양수오에서 떠날 채비를 하는 우리 가족에게 호스텔 주인과 친구들이 저녁 만찬을 준비해 줬다. 집에서 먹는 중국음식은 이렇게 맛있구나! 고맙고도 고마운 친구들이다. 중국 친구의 안내로 장예모 감독의 '인상 위삼저' 공연도 보고 바쁘고 고맙고 행복한 하루가 간다. 내일이면 양수오를 떠나 귀양(꾸이양)으로 간다.

3월 26일　귀양으로

　　여느 아침처럼 새벽 산책에 나선다. 밤새 흥청거리던 식당가를 지나고 관광지와 현지인들의 생활공간을 가르는 큰 길을 건너 매일 아침 들르는 만두가게로 간다. 만두 몇 개를 사고 가게 주인에게 그동안 고마웠고, 우리는 오늘 떠난다는 인사를 건네고는 새벽시장과 빵집에 들러 기차 안에서 먹을 과일과 빵을 사는데 비가 내린다.

　　양수오에 내리는 새벽비를 자주 만나기는 했지만 양수오를 떠나며 맞는 비는 특별하다. 떠나는 우리 가족을 배웅하기 위해 일찍 일어난 집주인과 아이들을 무척이나 예뻐해 주던 한량 아저씨와 아쉬운 인사를 나누고 제법 굵어진 빗속을 헤치고 기차역으로 향한다. 새벽부터 바쁘게 움직이기는 했지만 기차시간이 빠듯하다. 기차표를 사고 가방검사를 하는데 시간이 길어 잰걸음으로 기차에 오른다. (중국 도시의 기차역에선 공항에서처럼 검사대를 통과해야 한다.)

시끌벅적한 좌석칸에 자리를 잡고 앉으니 중국 사람들의 관심이 쏟아진다. 열차 승무원들까지 모여들어 뭐라 뭐라 하는데 통 알아들을 수가 없어 쩔쩔매고 있는데 영어를 할 줄 아는 젊은 친구가 다가와 통역을 해준다.

"외국인이 먼 거리를 가는데 침대칸에 타지 않고 왜 좌석칸에 탔느냐?"

"아이들이 이렇게 많은데 왜 기차표는 어른 두 장, 아이 두 장만 샀느냐?"

"우리는 가난한 여행자라서 좀 힘들어도 값이 싼 좌석칸을 이용한다. 그리고 중국 기차요금 규칙이 어린이는 키가 150센티 이하는 반 값이고 120센티 이하는 무료라는 것을 알고 있다."

이렇게 대답했더니 아이들을 기차 연결부위에 있는 키 재는 곳으로 데려가 확인을 한다.

실랑이가 끝나고 주위를 둘러보니 외국인은 우리밖에 없다. 또 아이들을 넷이나 데리고 있는 가족도 없다. 아이들이 많은 우리 가족이 신기한지 사람들이 모여들어 웃고 떠들고 논다. 중국기차는 좌석칸이 재미있다.

고마운 마음에 중국 청년과 이런 저런 이야기를 나누다가 우리 가

족은 귀양에 가서 묘족마을을 방문하고 싶다 하니 청년의 어머니가
묘족이고 며칠 후에 사촌 여동생이 전통혼례를 치른다고 한다. 준비
된 인연이다 싶어 관심을 보였더니 깊은 산중이고 단조로운 생활에
불편한 집인데 괜찮다면 자기 동네에 초대하고 싶다고 한다. 그나저
나 중국에 온 지 한 달이 다 되어 가는데 한가로운 시골생활이 그립
기도 하고 잘 된 인연이다 싶어 흔쾌히 따라나선다.

　　버스로 갈아타기 위해 작은 도시 두인에 내려 하룻밤을 잤다. 아
침 산책에서 만난 초등학교 앞 문구점은 우리 어릴적 학교 앞을 그대
로 옮겨놓은 듯하다. 아들은 과자 한 봉지씩을 들고 즐거워한다.

　　작은 버스를 타고 흙먼지 날리는 비포장 길을 오래 달려 산골마을
에 도착했다. 마을 중간으로는 작은
개울이 흐르고 주변으로 계단식 논

내가 그리던 고향이
여기에 있었구나!

들이 있고 야트막한 산비탈에는 밭이 있다. 묘족 전통가옥이 그대로 살아 있는 산골마을이다. 논을 가는 어미소와 한가로이 풀을 뜯는 송아지, 참죽나무 순을 따는 아낙, 멋진 풍경이 그림처럼 펼쳐진다. 민들레 홀씨 날으는 봄날에 왔다. 내가 그리던 고향이 여기에 있었구나!

중국 남쪽에는 유채 수확이 한창이었는데 묘족마을은 봄 농사 준비로 부산하다. 아이들과 논두렁길을 걷다가 찔레순도 따 먹고 나비를 좇아 놀다가 구불구불한 물길을 만났다. 긴 나무를 파서 만든 이 물길은 얼마나 오랫동안 여기에 놓여 있었을까? 낯설지 않은, 어디선가 만난 듯한 물길을 따라 논에는 물이 채워지고 젖먹이 송아지를 끌고 나온 어미소는 쟁기질을 한다. 평화롭고 아름다운 풍경이다.

묘족은 나그네를 정성스레 대접한다. 먼 나라에서 온 우리 가족에게 한 달간 훈제를 해서 처마 밑에 걸어 두었던 돼지고기를 먹여주고 집에서 기르던 닭도 내놓는다. 저스틴의 아버지는 저수지에 가서 1미터 정도 되는 거대한 메기도 잡아 오셨다. 요리는 어머니가, 손질은 아버지가 한다. 맛있고 귀한 음식으로 대접만 받기는 미안해서 아이들과 농사일을 돕기로 했다.

묘족 청년의 아버지와 내가 괭이로 작은 구덩이를 파고 나가면 청년의 어머니는 맨손으로 잘 삶은 똥거름을 구덩이에 넣는다. 아이들은 어머니 뒤를 따라가며 옥수수와 콩을 함께 심는다. 여름에는 옥수수를 수확하고 가을이 되면 콩을 거두리라. 이들에게는 농기계도 손을 보호할 장갑마저도 없지만 고단한 농사일을 즐겁게 한다. 봄이 오면 씨를 뿌리고 가을이면 수확을 하고 겨울에는 다시 올 봄을 준비하며 자연의 이치에 따라 살아간다. 참으로 아름다운 사람들이다.

이런 저런 대접을 잘 받고 잠자리를 정하는데 문제가 생겼다. 묘족 전통은 부부가 손님으로 오면 한방에서 자지 못한다는 것이다. 이들의 전통을 따라주기는 해야 하는데, 정수는 엄마 아빠와 함께 자겠다며 떼를 쓴다. 한참동안 설명을 하고 아내와 민정이, 진아는 방에 자리를 펴고 아빠와 수남이, 정수는 거실에 쇼파를 붙여 잠자리를 만들었다. 조금은 좁고 불편하지만 행복하고 평안한 잠자리다.

헛간과 곡간, 외양간이 딸린 묘족 전통가옥, 묘족들은 이곳에서 보통 3대가 모여 산다. 하지만 이곳 역시 산업화가 진행되면서 많은 젊은이들이 고향을 떠나 도시로 나가고 노인들과 어린 아이들만 남은 집들이 많다.

수남이 일기: 아침에 제사를 지냈다. 제사를 지낸 장소는 산꼭대

기였다. 산꼭대기에 올라오니 상쾌했다. 우리는 중국에서 남의 집에서 제사를 지내는 것이 처음이라 낯설었다.

그런데 중국이랑 한국이랑 제사 지내는 순서와 방법이 달랐다. 한국은 집에서 먼저 지내는데 중국은 무덤에 먼저 갔다. 중국에서는 폭죽을 터뜨린다. 그런데 너무 시끄러웠다.

너무 신기한 것이 하늘나라에서 쓸 수 있는 돈을 태우는 거였다. 너무나 신기했다. 그리고 한국에서는 제물을 삶아서 바치는데 여긴 피를 뿌린다. 너무 신기하기도 하고 제물 바칠 때는 무서웠다. 제사를 마치고 밭일을 하러 갔다. 아빠는 땅을 파고 우리는 씨와 거름을 뿌렸다. 식물이 잘 자랐으면 좋겠다.

긴 나무를 파서 만든 이 물길은
얼마나 오랫동안
여기에 놓여 있었을까?

묘족의 결혼식

저스틴의 사촌동생네로 가는 길, 탄광촌을 지나고 구불구불 이어진 산길을 돌아 몇 시간을 달린다. 가끔 나타나는 마을에서는 잘 오지 않는 버스를 기다리는 사람들을 태워 목적지까지 데려다 주기도 하면서 오지 마을로 간다.

묘족은 깊은 산중에서 고립된 삶을 살아서인지 서로가 대가 없는 도움을 주고받으며 서로 고마워하고 행복하게 살아간다. 승합차를 운전하는 아저씨가 장터에 가는 아주머니를 태워주고 받은 대가는 감사하는 마음이고 행복해하는 웃음이다. 학교가 멀어 기숙사에서 생활하는 고등학생을 학교까지 데려다주고 받은 것도 수줍어하며 건네는 고마운 웃음이다.

어쩌면 사람이 행복하기 위해서는 돈을 대가로 주고받기보다는 고맙고 행복한 웃음을 주고받는 것이 더 낫지 않을까?

수남이에게 다정한 형이 되어 준 묘족 청년 저스틴

전통생활이 온전히 보존되어 있는 시골마을은 결혼식 준비로 떠들썩하다. 우리 식구들이 집에 들어서자마자 집주인은 술을 권한다. 문턱을 하나 넘을 때마다 술을 권하는데 이 또한 전통이다. 받아서 마시지 않으면 결례라 하니 마시기는 하지만 몇 집을 돌며 인사를 하다가는 술 취한 나그네가 되겠다.

수남이는 비슷한 또래 친구를 만나 도시로 돈벌러 간 누나가 보내줬다는 새 자전거를 빌려 타고 신나게 논다.

손님들을 위해 준비한 갖가지 음식들이 푸짐하다. 결혼식 만찬을 즐기고 나이 많은 동네 어른들 상에 불려가 이야기를 듣고 한국에 대한 이야기도 들려준다. 나이가 가장 많은 어르신은 이 마을에 외국인이 방문한 것은 우리 가족이 처음이란다.

점심도 맛있게 먹었는데 오후가 되니 더 푸짐한 음식들로 새 상이 차려진다. 순박하고 친절한 마을 사람들의 환대로 하루가 짧기만 하

다. 오후 만찬까지 즐기고 기차를 타기 위해 작은 도시 칼리로 향한
다. 아쉬운 작별인사를 하는데 저스틴이 말한다.

"여기에 더 머물고 싶으면 있어도 좋아요. 우리 묘족은 나그네를
쫓아 보내지 않아요. 머물고 싶을 때까지 머물고, 가고 싶을 때 떠나
요. 언제나 대가 없이 먹을 것을 주고 잠자리를 마련해 주지요. 이것
도 우리 묘족의 전통입니다."

고마운 마음으로 사람들 손을 잡고 행복하게 웃었다. 우리 가족도
묘족처럼!

다시 쿤밍으로

칼리에서 하룻밤을 달려 쿤밍에 도착했다. 중국에서는 기차를 한
번 타면 보통 12시간 이상을 달린다. 쿤밍에 도착하자마자 어른 64
원 아이는 32원을 주고 다리행 기차표를 사고 158원짜리 호텔을 잡
았다. 기차역 주변을 돌아보면 50원 정도 하는 여관도 찾을 수 있겠

지만 기차에서의 피곤한 쪽잠이 걸음을 멈추게 한다.

　호텔에 짐을 풀고 쿤밍에 있는 민속촌 구경을 했다. 어제까지 묘족들과 살았는데 여기서는 화려한 묘족 전통의상을 입은 친구와 사진을 찍는다. 민속촌에는 중국에 살고 있는 소수민족들의 생활상을 볼 수 있도록 잘 꾸며놓았다.

　대형마트에 들러 내일 기차에서 먹을 빵과 컵라면 몇 개를 사고 시내구경을 하는데 재미있는 과일가게를 만났다. '한가한 물품은 갑니다. 안일한 과일 상점관' 이름이 재미있어 몇 가지 과일을 사는데 주인아저씨는 한국말을 전혀 할 줄 모른다. 쿤밍은 한국인 관광객이 많이 찾는 곳이어서 기차역 앞이나 기념품가게, 금은 세공품점에서는 한국말을 하는 사람들을 만날 수 있다. 오늘 하루는 도시를 즐기고 내일이면 차마고도가 시작되는 다리로 간다.

3월 31일　다리에 가다

　샹그릴라의 하늘과 맞닿은 땅을 어서 보고 싶은 마음에 리지앙행 기차표로 교환하려다 문제가 생겼다. 다리행 표를 환불하고 리지앙행 표를 검색하니 입석표만 있다. 다리행 표를 돌려 달라 하니 벌써 다 팔렸다 해서 리지앙 입석표라도 달라 하니 그것도 이야기하는 동안 팔려버렸다.

대도시에서 재미없는 하루를 보낼 수는 없고, 황당한 마음을 추스리며 기차역 앞에서 여섯 식구가 치즈버거 하나씩을 입에 물고 생각한다. 아이들과 아빠는 맛있게 먹는데 엄마는 입맛이 없나 보다. 그리고는 한마디 한다.

"이 상황에서 햄버거가 목으로 넘어가요?"

"버스 타고 가면 되지요."

생각나는 대로 한 대답이지만 가능할 것 같아서 버스터미널로 간다. 시내버스로 40분을 달려 쿤밍 서부역에 도착하니 다행히 버스표가 있다. 다리까지 4시간이 걸리고 요금은 126원으로 기차보다 두 배 비싸다. 그래도 어쩔 수 없다. 여행경비를 아끼려면 알아보고 준비하고 많이 걷고 조심해야 한다.

다리 버스터미널에 도착하자 승합차 기사들이 다가와 흥정을 걸어온다. 리지앙까지는 600원, 다리고성까지는 100원을 달라길래 다리고성으로 간다.

이런 저런 실수와 상황이 우리를 다리고성으로 이끌지만 재미있는 인연이 기다리고 있을 것이다. 여행에서는 언제나 예측할 수 없는 일들이 생기고 우연은 인연을 만든다.

다리고성에는 해가 저물어서야 도착했다. 값싼 게스트하우스나 객잔에 대한 정보도 얻을 겸 들른 한국식당에서 고마운 인연을 만났다. 중국 백족 여자와 결혼해서 딸 둘을 낳고 행복하게 사는 한국 남자를 만났다. 젊은 부부는 '계수나무' 식당을 운영하고 장인어른은 같은 이름의 객잔을 운영한다. 음식도 맛있게 먹고 며칠 묵을 객

잔도 싸게 구했다. 객잔은
밥을 해먹을 수 있고 빨
래도 할 수 있는 여관
이다.

　객잔에 들어서니
한국말을 잘 하는 아
이들이 먼저 반긴다.
주인어른 내외와 인사를
하는 사이 아이들은 벌써 친
해져서 놀고 있다. 중국에서 처음
만나는 한국 아이들과 밤이 깊도록 신나게
논다. 다리에 오길 참 잘 했다.

　수남이 일기: 다리에 도착해서 한국식당을 찾았다. 이름은 계수
나무집이었다. 밥을 먹고 숙소를 잡았다. 계수나무집에서 추천한
숙소를 잡았다. 거기 숙소엔 2명의 어린 아이들이 놀고 있었다. 이
름은 효연과 서연이였다. 한국말도 할 줄 알고 중국말도 할 줄 알았
다. 우리랑 빨리 친해져서 재미있게 놀았는데, 서연이는 오빠를 좋
아한다. 자꾸자꾸 나만 따라온다.

　3일 후 오늘은 리장으로 가는 날, 내가 가니까 서연이는 펑펑 눈
물을 쏟아 낸다. 나는 서연이한테 다음에 꼭 오겠다고 말했다. 나중
에 커서 서연이랑 결혼해야겠다. 아빠가 계속 며느리 노래를 부른
다. 다리에 다시 와야겠다.

다리고성을 걷다

중국의 새벽풍경은 어디나 비슷비슷하다. 청소하는 아주머니들이 분주히 움직이고 나면 아침식사거리를 파는 상인들이 노점을 차린다. 노점이 차려지면 일터로 가는 사람들과 학교로 가는 아이들이 길에서 아침을 먹는다. 다리의 아침도 그렇다.

만두 1원, 빵 1원, 떡 1.5원, 콩물 1.5원, 쌀국수 3원, 아빠는 언제나처럼 일찍 일어나 산책을 하면서 아침거리를 준비한다. 우리 여섯 식구의 아침식사는 10원(한국 돈으로 1,800원) 정도면 충분하다. 새벽부터 다리고성 안을 걷고 걸어 성안에서 살아가는 사람들을 만났다. 준비한 아침을 아이들과 함께하고 백족들의 삶을 보러 나간다.

성문을 올라 성곽을 걷고 3,000년 역사가 숨 쉬는 골목골목을 걷고 세상을 걷는다.

한 달에 한번 열리는 큰 장이 선다기에 아이들에게 10원씩을 주고 무엇이든 원하는 것을 사보라고 했다. 아이들에게는 선물이면서 공부다. 10원 한 장을 들고 한참을 돌아다니더니 민정이와 정수는 예쁜 모자를 수남이는 새총 재료를 사왔다. 새총은 너무 비싸서 만들 재료를 골랐다는 수남이, 기특하다. 진아는 뭘 아는지 모르는지 저도 돈을 달라고 손가락을 내민다.

4월 2일 얼하이 호수, 낚조풍정도에서

해발 2,000미터에 떠 있는 하늘 호수 얼하이, 백족은 넓디넓은 하늘 호수를 바다라 부른다. 얼하이는 '귀를 닮은 바다'라는 뜻이다. 다리 사람들의 삶이 녹아 있는 바다다. 물고기를 잡아 생활을 하고 아이들을 키우며 삶을 살아간다. 넉넉한 바다는 4,000미터가 넘는 산을 담고도 고요하다.

얼하이에서는 길들인 가마우지로 물고기를 잡는다. 가마우지 목에 끈을 묶어 큰 물고기는 삼키지 못하게 하고서 바다에 풀어놓으면 길들여진 가마우지는 커다란 물고기를 잡아 어부에게 가져오고는 작은 고기조각을 얻어먹는다.

개중에는 아직 길들여지지 않아 잡은 물고기를 물고 멀리 도망가서 삼키려는 녀석도 있다. 하지만 목에 묶인 끈 때문에 아무리 먹고 싶어도 삼킬 수가 없다. 아무리 노력해도 물고기를 삼킬 수 없고 목에 묶인 줄을 풀 수도 없다는 것을 알게 되면 가마우지는 주인에게로 돌아와 큰 물고기를 주고 작은 고기조각을 얻어먹는다.

우리들 삶에도 세상이 묶어둔, 스스로가 묶어 놓은 가마우지의 목줄이 있지는 않나?

하늘 호수에 떠 있는 섬 남조풍정도에서 수평선을 바라본다. 아이들과 바다를 지키는 여신들과 놀면서 자연이 만들어 낸 신비를 즐긴다.

길들인 가마우지로 물고기를 잡는 얼하이의 어부

리지앙으로

아침부터 수남이, 민정이는 계수나무집 큰딸 효연이를 따라 학교에 다녀왔다. 엄청나게 많은 아이들과 수학공부도 하고 운동장에서 놀다 온 아이들은 표정이 밝다.

늦은 오후 리지앙으로 떠난다. 오빠와 헤어지기 싫은 서연이가 울음을 그치지 않는 바람에 출발이 늦어진다. 다정한 수남이는 다음에 다시 오겠다며 서연이를 달래고 객잔 주인어른이 내어 주신 승합차를 타고 산길로 올라간다.

높이 올라갈수록 키
가 큰 나무는 사라
지고 키 작은 나무
들이 옹기종기 모
여 자라는 숲이
나타나고 말들이
마음껏 뛰어노는
광야를 만난다.

드문드문 나타나는
산골마을에서는 농사를 짓고
말을 키우며 사람들이 살아간다.
이렇게 높은 곳, 황무지처럼 보이
는 이곳에도 사람이 살고 있다.

중국에서 처음 타보는 말.
몽골에 가면 실컷 태워 줄게!

리지앙에 도착해 수허고성에 있는 객잔에 들렀다. 리지앙고성은
너무 유명한 곳이어서 물가가 비싸다고 한다. 사실 높은 곳으로 올
라갈수록 물가는 비싸진다.

하지만 관광지를 조금만 벗어나면 현지인들이 이용하는 시장을
찾을 수 있어서 우리 가족이 먹고 사는 일은 어렵지 않다.

옛날에는 차마고도를 넘어 다녔다는 작은 말을 타고 고성 안을 한
바퀴 돌았다. 중국에서 처음 타보는 말이다. 아이들에게 몽골에 가
면 엉덩이가 아프도록 실컷 태워 준다고 약속했다. 아빠는 오늘도
흥정을 잘 하고, 아이들은 말을 타며 신이 났다.

옥룡설산에 오르다

설인이 살고 있다는 옥룡설산에 올랐다. 나시족들은 몇 천년 동안 저 설산을 넘어 다니며 외부세계와 교류해 왔다. 세계를 넘나들다 돌아오지 못한 이들은 설산에 갇혀 설인으로 지금까지 살고 있지 않을까. 나시족은 그들 고유의 동파문자를 가지고 있을 정도로 발달한 문명이었다. 나시족 문화는 지금도 이어지고 있다. 오랜 세월동안 옥룡설산과 설인들은 외부세계로부터 그들을 지켜주었다.

메마른 강가를 걷는다. 옥룡설산에 봄이 오면 설산의 눈물이 강을 따라 흐르고, 나시족은 그 물로 농사를 지으며 삶을 이어간다. 설산에 온 관광객들은 공연을 보고 케이블카를 타고 전망이 더 좋은 높은 곳을 향해 올라간다. 가난한 우리 가족은 남들이 가지 않는 메마른 강을 따라 설산을 오른다. 키 작은 소나무와 인사하고 마른 풀밭을 지나고 거친 바위투성이의 길 없는 길을 걸어간다. 지금까지 우리의 여행과 삶이 그러했고 앞으로도 그 길을 걸어갈 것이다.

머지않아 봄이 오면 집으로 돌아오지 못한 설인의 눈물이 강으로 흘러 바다를 이루리라. 오늘도 우리는 광야를 걷는다. 자유의 바다를 향해!

지금도 쓰고 있는 세계에 하나밖에 없는 나시족 상형문자. "진아야! 물에 빠지는 것을 조심해!" 라고 쓰여 있다.

오늘도 우리는 걷는다.
자유의 바다를 향해!

리장고성

　수허고성에서 리장고성으로 산책을 나왔다. 잠깐이면 도착할 거라 생각했는데 두 시간 반을 걸었다. 1,200년 전에 건설된 도시라고는 믿기지 않을 정도로 어마어마하게 큰 도시다. 일 년 내내 온화한 날씨에 살기 좋은 곳이어서 신시가지에는 고급 호텔과 별장들이 많다.

　고성 안에는 기념품가게와 식당들이 즐비하다. 성 안과 밖의 물가는 두 배 넘게 차이가 난다. 우리는 천천히 걸어 고성을 둘러보고 성밖 상가에서 치킨가스와 밥을 먹었다. 식당에서 일하는 아가씨들이 다가와서는 좀 놀아달란다. 아이들과 함께 놀고 기념사진도 찍혀주고 했더니 케이크도 주고 기념품도 준다. 개업 1주년 기념일에 딱 맞췄다. 우리 가족은 언제나 운이 좋다.

　그저 좋아라 하면서 2층버스를 타고 수허고성으로 돌아오는 길에 여권이 들어 있는 가방을 잃어버렸다. 버스에 두고 내린 가방을 찾아다니느라 오후시간이 엉망이 되어버렸다. 그래도 여권을 복사해 둔 것이 있으니 괜찮다. 내일은 샹그릴라로 간다.

　아이들은 받은 기념품을 한국에 돌아가면 사촌언니와 친구들에게 나눠 주겠다며 소중하게 챙겨놓는다.

여권을 잃어버리고도 즐길 건 다 즐긴다. 객잔 마당에서 해바라기씨나 까먹으며 놀고 있는 바보들! 그래, 너희들에게는 언제나 봄날만 있어라!

낮잠 잘 시간이 되면 아빠 목말을 타거나 엄마 등에 업혀 잠드는 진아를 위해 나시족 전통 문양이 새겨진 천을 하나 샀다.

달콤한 파인애플 한 조각씩 입에 물고 고소한 해바라기씨 두어 봉지를 사들고 수허고성을 떠난다. 중국은 과일값이 싸서 참 좋다. 과일로 밥을 대신하는 행운을 어디서 누리랴!

여권을 잃어버리고도 즐길 건 다 즐긴다.
너희들에게는 언제나 봄날만 있어라!

샹그릴라

천길 낭떠러지 곁으로 나 있는 구불구불한 길을 따라 협곡을 오른다. 고원에서 고원으로 오르는 길이다. 산등성이를 넘을 때마다 말과 염소 무리가 다르게 나타나더니 드디어 야크가 보이기 시작한다. 해발 4,000미터 고원에서 야크떼가 산등성이를 뜯어 먹으며 어슬렁거린다. 내리막길로 한참을 달리니 평야가 나타난다.

평화의 땅 샹그릴라다! 가끔 나타나는 장족의 전통가옥은 1미터가량 되는 두터운 흙벽과 웅장한 목구조로 되어 있다. 집 주변으로는 널찍이 울타리가 쳐져 있고 울타리 안에는 말, 염소, 양, 야크, 돼지가 평화롭게 놀고 있다.

양수오에서 만난 티벳 친구의 집을 찾아가려 했지만 너무 멀어서 포기하고 여느 때처럼 값이 싼 객잔을 찾아 나선다. 진아 또래 아이가 놀고 있는 객잔에 들어가서 숙박비를 흥정하니 70원까지 깎아준다.

고마운 마음으로 배낭을 내려놓고 동네 한 바퀴 돌고 장족들이 드나드는 시장통 식당에서 돌솥밥 두 그릇으로 저녁을 먹고 객잔으로 돌아와 쉬고 있는데 수허고성 식당에서 전화가 왔다. 여권이 든 가방을 찾았다는 반가운 전화다. 그런데 경찰서에 사례비로 중국 돈으로 2,000원을 줘야 찾을 수 있으니 찾을지 말지를 결정하란다. 그 정도 돈이 든다면 못 찾겠고, 500원 정도는 사례비로 생각하고 있다고 하니 전화를 끊어버린다. 무서운 사람이다. 백두산으로 가려면 어차피 왔던 길을 내려가야 한다. 가는 길에 리장 경찰서에 들려 직접 찾아봐야겠다.

말만 보면 태워 달라고 떼를 쓰는 진아 때문에 어쩔 수 없이 또 말을 탄다. 수남이, 민정이, 정수는 덩달아서 좋단다.

야크는 장족에게 꼭 필요한 동물이다. 식량이 되고 옷이 되고 똥은 연료로 쓰인다.

객잔 주인장은 우리 가족의 여행이야기를 듣고는 밥먹을 때가 되면 공짜로 밥을 차려 주신다. 어딜 가나 고마운 인연을 만난다.

4월 8일　나파하이 바다에 가다

오늘은 어디 가서 놀까 궁리하다가 바다를 보러 가기로 한다. 해발 4,000미터 고원에 바다가 있다니! 아이들은 신기해하며 아빠를 따라 나선다. 덜컹이는 버스를 타고 30분을 달려 바다에 도착했다. 풀잎이 돋아나기 시작하는 초원에 들어서니 야크, 돼지, 말, 염소가

반긴다. 돼지는 물기가 있는 진흙 주변에, 맑은 물이 흐르기 시작한 도랑 옆에, 야크와 염소는 초원 여기저기에 무리 지어 놀고 있다. 누구 하나 서로의 자리를 빼앗으려 하지 않는다. 한없는 평화가 여기에 있구나!

봄이 오면 풀이 자라나 짐승을 살찌우고, 우기가 되면 물이 차올라 풀들을 녹여 땅을 기름지게 하고, 우기가 지나면 물이 빠지고 다시 풀이 자라나 바다가 된다. 여러 종류의 짐승들이 한가로이 풀을 뜯는 평화의 바다, 연둣빛 새싹의 바다, 눈 녹은 물이 도랑에 흐르고 초원에 물이 차오르는 우기의 바다, 다시 초록빛 바다, 가을빛 바다

로 모습을 바꾸는 신비의 바다다.

아이들과 바다를 건너다가 뼈만 남아 누워 있는 야크를 만났다. 언제부터 여기에 누워 있었을까? 설산을 바라보며 하얀 뼈로 남아 바다에 누워 있는 야크, 독수리가 뜯어 먹고, 벌레들이 갉아 먹고, 바람이 씻어준 하이얀 뼈. 수남이가 친구들 준다며 하도 조르는 바람에 야크 이빨 몇 개를 뽑아 왔다. 미안하다, 야크야!

수남이 일기: 야크 이빨을 찾은 이야기를 해줄까? 자, 시작한다. 잘 들어! 점심이 지난 후 버스를 타고 야크를 구경하러 갔다. 처음엔 말을 타고 말을 다 탄 다음엔 걸었다. 조금 걸어가는데 야크뼈가 누워 있었다. 그래서 이빨을 뽑았다. 한국에 돌아가면 목걸이를 만들어야겠다.

아이들은 말만 보면 태워 달라고 난리다. 아직 여행할 곳이 많이 남았고 돈을 아껴 쓰지 않으면 집에 못 돌아갈지도 모른다. 아무리 설명을 해도 진아와 정수는 막무가내다. 다행히 친절한 중국 아가씨들을 만나 공짜로 말을 태워줬다.

오늘도 우리는 샹그릴라를 걷는다. 얼마나 많은 사람들이 지나다녔는지 길에 깔아놓은 돌들은 미끄럼을 타도 될 정도로 맨질맨질하다.

오늘도 우리는
샹그릴라를 걷는다.

여권이 들어 있는 가방을
찾아서 리장으로

샹그릴라 고성 안을 한 바퀴 돌고 대불사에 올라 세계에서 가장 크다는 마니차를 돌린다. 아빠는 무거워진 마음을 내려놓기 위해 아이들은 작은 소원들을 이야기하며 돌리고 돌린다. 마음은 가벼워졌지만 가방을 찾으러 리장으로 향하는 발걸음은 아직도 무겁다.

먼 거리를 버스로 이동하느라 점심이 늦어져 정보도 얻을 겸 해서 터미널 근처에 있는 한국식당에서 점심을 먹었다. 어느 경찰서로 가야 할지 몰라 수허고성 한국식당에 전화를 하니 대뜸 화부터 낸다.

이런 황당한 일이라니! 돈을 요구한 것은 장난이었단다. 고맙다는 말은 안 하고 자기네 식당이 아닌 다른 한국식당에서 전화를 한다는 이유로 화를 내고 있다. 이런 일도 당하는구나! 전화를 끊고 리장고성 경찰서에 찾아가니 간단한 신분 확인을 하고 가방을 내어 준다. 다행히 내용물들이 고스란히 들어 있다. 무슨 오해가 있었으면 풀어 보려고 가방을 들고 수허고성 한국식당으로 찾아갔다. 사장, 사장 부인, 종업원이 우리 가족을 기쁘게 해주려고 장난을 쳤단다. 황당한 이야기는 계속된다.

6명이 여행을 하면서 무슨 2,000원도 없이 거지처럼 다니냐, 2,000원이 없어 여권을 포기한다고 했으면 그냥 떠날 일이지 왜 경찰서에 찾아갔냐, 왜 다른 한국식당에 찾아가 무슨 말을 했느냐… 식당 사장과 종업원이 하는 어처구니없는 말들을 들으며 수호고성을 떠난다. 오해를 풀러 애써 찾아갔지만 인간의 욕심만 보고 말았다.

이런 아빠 마음을 아는지 모
르는지 기차를 기다리는 아이
들은 신이 났다. 아이들은
안다. 장거리 기차를 타면
아이들이 좋아하는 빵과 과
일, 라면 등을 먹을 수 있다
는 것을!

쓰촨성 청두에 가다

2박 3일을 달려왔다. 중국에 도착할 즈음에 피어 있던 유채꽃은
추수를 했고 그 자리에는 물이 채워지고 벼가 심겨졌다. 봄을 바라
보며 가는 여행길에 봄이 익어가고 있다.

낯선 도시와의 첫 만남, 아이들은 바나나 하나씩 입에 물고 아빠
는 청도 맥주가 유명하다기에 한 병을 마셨는데 여기는 청도가 아니
고 청두란다. 쓰고 묻고 어찌 어찌해서 버스 두 번 갈아타고 무후사
가 있는 진리에 도착하니 관광객이 어마어마하게 많다.

사람들 뒤를 따라다니며 잠시 놀다 보니 해가 지고 숙소를 잡으려
니 방이 없다. 호텔에만 방이 남아 있다. 공원에 가서 노숙을 해야
하나 하는 마음으로 아파트 골목에 들어서는데 고마운 티벳 아주머
니 두 분을 만났다. 자기 집으로 들어오라 해서 따라 들어가 보니 아

파트를 개조해서 게스트하우스를 운영하는 집이었다. 아침에 일어나 거실로 나가니 티벳 승려 한 분이 반갑게 인사를 하시고 아침밥을 내어 주신다. 미숫가루 비슷한 것에 치즈를 섞고 찻물을 부어 비벼 먹는다. 속이 든든하다.

4월 12일 시내버스 여행, 숙소 찾기

좀 더 싸고 좋은 방을 찾으러 배낭을 메고 나섰다. 배낭을 짊어지고 여관을 찾아 몇 시간을 돌아 다녔지만 진리 근처에는 방이 하나도 없다. 알고 보니 근처 체육대학교에서 전국체전 비슷한 것이 열리고 있었다. 좀 멀리 가면 방이 있을까 싶어 버스를 타고 종점까지 가 보았지만 헛수고다. 다시 버스에 올라 두리번거리며 여관이 있을 만한 곳을 찾는다. 호텔들이 보이고 구시가지가 시작되는가 싶어 버스에서 내렸다.

어렵게 찾아간 여관마다 빈 방이 없단다. 이렇게 큰 도시에서 방하나 구하기가 힘들다니! 무거운 짐을 메고 몇 시간째 걷다 보니 모두가 지쳤다. 공원에서 자기, 강가 다리 밑에서 자기, 육교 밑에서자기, 아이들도 한마디씩 거들면서 의견이 분분하다. 어제 그 아주머니를 만날 수 있었으면 하고 생각하는데 오전에 봤던 강과 다리가나타난다. 어제 잤던 아파트 절이 여기에서 멀지 않다. 갑자기 아파트 위치와 동, 호수까지 한꺼번에 떠오른다. 참 신기한 일이다. 버스를 두 번 탔는데 빙빙 돌아 제자리에 왔구나! 9시가 넘어 어제 그숙소에 짐을 내려놓고 늦은 저녁을 맛있게 먹었다.

좀 더 싸고 화장실이 딸린 방을 찾아 나섰다가 고생을 사서 했구나 싶어 웃음이 나왔다. 오전 내내 걷고 버스를 타고 1시간, 갈아타고 30분, 다시 두어 시간 걷고 제자리라니! 행복을 찾아나선 인생도마찬가지겠지. 힘들게 찾아 나선 행복이 어딘가에 있으려나 싶어 구하고 구해도 제자리에 있는 나를 발견하고 마는 일!

내일부터는 편안하게 이 절에 머물면서 진리 거리나 구경하고 청두에 사는 한국으로 신혼여행을 떠난 용규를 기다려야겠다.

수남이 일기: 저녁에 배고픔을 참고 여관을 찾으러 다녔다. 근데방이 없었다. 찾으러 걷다 걷다가 어제 잔 여관 앞으로 되돌아 왔다.나는 정말 신기했다. 오늘도 여기서 자기로 했다. 짐을 내려 놓고 밥을 먹었다. 하루종일 여관 찾느라 힘들었는데 밥맛은 꿀맛이다. 다음에도 이 식당에서 맛난 거 먹었으면 좋겠다.

가벼운 하루

짐을 아예 내려놓으니 마음이 한결 평온하다. 아파트 주변에는 맛있는 식당과 꼬치집이며 과일가게가 있다. 오늘부터는 이 동네 사람으로 살아봐야지. 만두와 빵, 방울토마토로 아침을 먹고 파인애플 10원어치 사들고 공원에 간다.

물이 썩 좋지는 않지만 나무그늘과 정자가 있는 강가 공원에서 나른한 시간을 보낸다. 과일 먹고 차 마시고 음악 듣고 낮잠이나 한숨 자고 아이들은 한가한 공원에서 뒹굴고 하니 사는 것이 이 정도면 됐지 별 것 있겠나 싶다.

해질녘 숙소로 돌아오는 길에 있는 어제 그 식당에서 30원어치 밥을 시켜 먹으면 오늘도 하루가 간다. 중국에서는 어딜 가나 한국 돈 5,000원 정도면 맛있고 푸짐한 밥을 먹을 수 있다. 식당 주인은 우리가 몇 인분을 시키든 친절하다.

온 식구가 꼬치구이 하나씩 입에 물고 골목길을 걷는데 과일가게 아주머니가 웃는 얼굴로 반기신다. 매일 아침 토마토 5원어치, 오전 산책길에 포도나 파인애플 10원어치, 저녁 후식으로

5원어치 과일, 값도 싸고 다양한 과일 덕에 하루하루가 좋고 좋다. 우리는 무엇을 찾아 여기에 와 있나! 지나온 여행길, 골목길을 되돌아보니 친절한 과일가게 아주머니의 환한 웃음만 남아 있다.

사랑니가 아프다

옛날 친구들이 나오는 그런 저런 긴 꿈을 꾸다가 깨어난 새벽, 사랑니가 아프다. 잠결에 이를 흔들어 보니 뽑힐 듯이 많이도 흔들린다. 아픈 이 덕에 머리까지 깨질 듯 아프다. 내게는 즐거움도, 고통도 늘 정점에 와 있구나! 그까짓 사랑니 한국에서 뽑아버리고 올 것을 싶다가도 아픈 데는 무슨 이유가 있겠다 싶어 참아보기로 하고 산책에 나선다.

오늘은 기차놀이로 하루를 시작한다.

만두가게 과일가게 국수가게를 지나 한 시간을 걸어 와이파이가 되는 핸드폰 가게에서 한국에 있는 벗들에게 소식을 전하고 나니 통증이 좀 수그러든다. 내 그리움이, 벗들의 기다림이 사랑니를 건드렸나 싶어 이가 흔들리지 않게 조심스레 웃는다. 오늘도 걷는 하루 노는 하루가 시작된다.

오늘은 기차놀이로 하루를 시작한다. 사람 많고 낯선 거리에서 많은 아이들을 돌보려면 기차놀이가 최고다.

무후사에서 노는 아이들! 1,800년 전에 살던 유비, 관우, 장비, 제갈량은 어디로 갔을까? 아이들이 좀 더 자라면 삼국지를 읽겠지. 너희들은 어릴 적에 무후사에 다녀왔단다.

한국에서는 이상한 놈 취급을 받던 아빠가 중국에서는 인기가 좋다. 관광지나 길거리를 걷다 보면 같이 사진을 찍자는 사람들이 많다. 스님들은 나를 같은 스님으로 보고, 관광객들은 무술영화에 등장하는 고수나 요가 선생으로 보고는 공손히 두 손 모아 인사하고는 사진을 찍자 한다.

용규, 도희 기다리기

중국에 왔으니 중국에 사는 동생들을 보고 백두산으로 가야겠는데 청두에서 벌써 5일이 지났다. 오늘 밤 비행기를 탄다던 동생들이 예약일을 잘못 알았단다. 내일 출발이라니 한 이틀은 더 기다려야

한다. 오늘도 내일도 같은 시간 비슷한 거리를 거닐며 익숙해져 가는 세상과 만나야겠다.

우리는 언제나 느리게 걷는다. 느리게 걷다 보면 소중한 것들을 놓치지 않고 만날 수 있다. 진리 고가에서 놀다가 움직이지 않는 듯

움직이는 우리를 닮은 달팽이 가족을 만났다. 우리도 너희들처럼 달팽이 가족이다.

4월 중순인데도 청두는 여름 날씨다. 시원한 숲이 있는 공원에서 말타기 놀이가 한창이다. 아빠 말을 번갈아가며 타고 놀다가 언니 오빠가 말이 되겠다며 등에 고삐를 묶는다.

사람들은 무슨 소원이 이렇게도 많을까? 소원을 들어 준다는 나무에는 수많은 사람들의 소원이 주렁주렁 걸려 있다. 사람들은 무슨 소원이 이렇게도 많을까? 소원이 별로 없는 나무는 복주머니 속에 들어 있는 사람들의 소원이 궁금하다.

아빠는 너희들에게 나무가 되어주고 싶다. 놀이터가 되고, 그늘을 만들어 쉬게 하고, 늘 곁에서 지켜봐 주는 나무가 되고 싶다.

4월 16일 인연의 골목을 만나다

오래된 아파트 골목, 작은 식당들, 과일가게, 시장, 빵집, 체육학교 운동장, 강가 공원, 만두가게, 진리고가, 무후사와 주변 공원을 걷고 걸으니 수남이도 간단한 심부름을 할 만큼 길에 익숙해졌다.

우리는 어느 별에서
인연을 맺어 가족이 되었을까?

진리고가를 걷다가 너무나 맘에 드는 긴 골목을 하나 만났다. 6일째 이곳에 왔지만 이 골목을 오늘에야 만나다니! 길고 곧게 나 있는 골목길, 두 사람이 어깨를 맞대고 걷기에도 좁은 골목길! 이 골목에 들어서면 어찌할 수 없는 인연을 마주하겠구나! 우리는 어느 별에서 인연을 맺어 가족이 되었을까? 인연의 골목을 아이들과 함께 걷는다.

4월 17일　　용규를 만나다

청두에 온 지 일주일 만에 드디어 용규를 만났다. 부인 도희는 몸이 아파서 함께 들어오지 못했다. 밀린 빨래를 하고 아파트에서 뒹굴거리며 푹 쉰다. 동생이 사주는 맛있는 음식도 먹고 한국에서 가져온 김치도 먹었다. 고맙고도 고마운 동생이다. 동생집에서 잘 쉬면서 두 달 동안의 중국여행을 돌아본다.

수남이 일기: 아침을 먹고 짐을 다 싼 후 우리가 맛나게 과일을 사먹었던 과일가게 아줌마와 사진을 찍고 또 우리가 맛있게 먹었던 식당 직원들하고도 사진을 찍고 삼촌을 만나러 간다.

드디어 삼촌을 만났다. 삼촌이 삼겹살을 사 줘서 오랜만에 맛있게 먹었다.

용규 부인 도희가 돌아올 때까지 며칠 기다리기로 했다. 몇 년째 청두에 살고 있는 동생이 안내해 준 공원에 놀러간다. 중국에 있는

공원은 크고 볼 것도 많다. 진아는
오늘도 아빠 목말을 타고 잠이
들었다. 진아는 낮잠 잘 시간을
잘 안다.

　집 근처에 사천대학교가 있
다. 넓은 운동장은 아이들 놀이터
로 좋다. 아직 자전거를 못 타는 정수와
진아는 아빠가 태워 주는 자전거 놀이를 좋아한다.

4월 20일　지진

　지진이 일어났다. 아파트가 부르르 떨리는가 싶더니 책상과 침대
가 움직인다. 몇 차례 흔들리고 멈춘 지진이라 별 걱정 없이 자고 아
침 산책을 나와 보니 대학교 운동장이 캠핑장으로 변해 있다. 2008
년 대지진 공포가 남아서인지 중국 사람들은 지진에 민감하다. 돗자
리와 이불만 가지고 도망치듯 집을 나온 사람들로 대학캠퍼스가 북
적인다.

　수남이 일기: 아침이다. 덜컹~ 어, 갑자기 집이 흔들린다. 지진
이 난 것이다. 나는 너무 무서웠다. 지진은 3일 연속으로 이어졌고
사람들은 집을 떠나고 텐트로 바꾸고 아파트는 텅텅 비었다. 집을
안 떠난 사람도 있었다. 삼촌이 무사했으면 좋겠다.

청두 동물원에 가다

이제는 도시에서도 버스를 타고 목적지를 찾아가는 일이 익숙해졌다. 팬더곰으로 유명한 쓰촨성에 왔으니 동물원에 가서 팬더는 봐야지! 처음 만나는 하얀 호랑이도 보고! 대왕 판다와 사진도 찍고 즐거운 하루다.

워낙 큰 도시여서 버스를 몇 번씩 갈아타고 해야 하지만 그런 불편함 정도야 동물원에서 노는 즐거움을 위해서라면 불편함도 놀이가 된다.

놀이기구 티켓을 들고 좋아라 하는 아이들! 너희들은 행복한 오늘이 봄이고, 즐거워하는 너희들을 바라보는 아빠 마음도 봄이다.

수남이 일기: 아침을 먹고 청두 동물원에 갔다. 동물원에 도착해서 동물 구경을 하고 엄마가 직접 만든 샌드위치를 먹으니 맛있었다. 놀이기구도 재미있었다.

하지만 집에 돌아가는 버스를 잘못 탔다. 기차역까지 갔다가 집에 돌아왔다. 오늘은 재미있기도 하고 힘든 하루이기도 하다.

북경행 밤기차

기다리던 동생 도희는 끝내 만나지 못했다. 마냥 기다리고만 있을 수 없어 베이징으로 떠난다. 이번에는 31시간 달려야 하는 거리다. 먼 거리를 가야 하지만 여행경비도 줄이고 시끌벅적한 중국 사람들과 놀기 위해 좌석칸 표를 샀다.

중국 사람들은 처음 만나는 사람들과 금방 친해져서 이야기도 나누고 먹을 것도 나누고 즐겁게 논다. 다 아는 사람들끼리 단체관광을 가는 분위기다. 우리 가족도 관광열차에 함께 탔다.

여행 두 달째, 마냥 어린 줄로만 알았던 수남이가 이제는 제법 여행자 태가 난다. 혼자서 자기 배낭을 잘 챙기고 옆에서 동생들도 잘 돌본다.

기차역 주변에는 호객하는 사람들이 많다. 몇 사람 이야기를 들어보니 숙박비가 엄청나게 비싸다. 큰 도시에 오래 머무를 생각은 처음부터 없었지만 오늘 떠나야겠다.

심양으로 가는 기차가 5시에 떠난다니 그때까지는 시간이 많이 남는다. 배낭은 기차역에 딸린 짐 보관소에 맡기고 가볍게 시내 구경에 나선다. 화려하고 거대한 호텔들을 지나고 높게 솟아 있는 은행가를 지나 야트막한 아파트가 늘어서 있는 동네에 들어서니 그제서야 사람 사는 곳 같다.

책가방을 멘 아이와 엄마가 아침을 먹고 있는 식당에 들러 우리 가족도 중국 사람처럼 아침밥을 먹는다. 중국은 어디를 가나 한국 돈으로 5,000원 정도면 한 끼를 해결할 수 있어 좋다.

심양행 오후 5시 기차 종착역, 평양

은행원들로 붐비는 은행가 지하의 국수 전문식당에서 점심도 먹어보고 초대형 마트에 들러 기차여행에 필요한 음식들도 준비했다. 베이징 물가가 비싸다고 들었는데 서민들이 이용하는 식당이나 마트는 모든 것들이 싸다. 잠잘 곳만 해결되면 베이징에서 며칠 여행하는 것도 괜찮겠다.

출발 시간이 가까워져 종착역을 확인하니 평양이란다. 아, 이 기차가 평양까지 가는구나! 기차역 광장에서 만났던 북한 운동선수들과 함께 탄 기차가 북쪽을 향해 달린다.

그냥 맘 편히 기차에서 자고 있으면 내일 아침에는 평양에서 내릴 수도 있겠구나! 평양을 지나고 개성도 지나고 서울을 지나 부산까지 달리는 기차는 언제쯤 타볼 수가 있을까?

　기분 좋은 상상을 해보며 진아는 테이블 위에, 정수는 아빠 품에, 수남이는 테이블 아래 자기 자리를 잡고는 여행자의 단잠을 청한다.

　새벽 4시 심양이라는 안내방송에 부랴부랴 짐을 챙겨 기차에서 내렸는데 잠잘 곳이 없다. 호객꾼들 이야기를 들어 보니 외국인은 호텔에서만 잘 수 있단다. 설마 그런 규칙이 있으랴 싶었지만 기차역 앞 여관들에서 여권을 보여주면 다들 안 된다고 한다.

　값싼 방을 구하기가 쉬웠던 베이징 남쪽과는 너무나 다른 분위기가 싫어져 일찍 문을 연 구내식당에서 아침밥을 먹고 도시락도 사고 다시 기차에 오른다.

　시골로 들어가면 괜찮겠지 싶어 바이산행 완행 기차를 탄다. 오늘로 벌써 3박 4일째 기차를 타고 달리고 있다. 이제는 좀 쉬고 싶지만 나그네인 우리 가족을 편안하게 받아주는 곳이 없다.

　시골길을 달리는 완행열차는 오래된 기차다. 전기온수기도 없고 석탄으로 물을 끓인다. 화장실도 옛날식이다. 덜컹이는 기차에 기대어 창밖을 내다보니 정겨운 시골 풍경이 펼쳐진다. 이런 곳이라면 우리 가족을 넉넉하게 받아줄 품이 있으리라!

　오후 늦게 도착한 바이산시는 작고 평화롭다. 순박한 얼굴의 여인숙 주인이 받아주어 방을 어렵지 않게 잡았다. 며칠간 고생을 했으니 좀 특별한 음식을 먹기 위해 북한 식당을 찾아간다. 식당에 들어서니 예쁘고 친절한 아가씨가 한국말로 반갑게 인사한다. 명태조림과 순대, 김치로 맛있고 푸짐한 저녁상이 차려졌다. 내일은 바이산을 구경하고 조선족 자치현을 찾아가야겠다.

바이산의 재래시장

　운 좋게도 바이산에 재래시장이 열리는 날이다. 여러 가지 물건들이 진열된 시장 풍경도 재미있지만 우리 여행자에게는 싸고 맛있는 음식을 다양하게 맛볼 수 있어서 좋다. 즉석에서 튀긴 탕수육을 배불리 먹고도 아이들은 어디 또 맛있는 음식이 없나 눈을 돌린다.

　식구가 많은 여행자 가족이 신기한지 노점 아주머니들이 모여들어 네 아이가 전부 우리 아이냐고 물어보더니 웃는다.
　양념을 듬뿍 바른 닭꼬치구이도 먹고, 1원만 주면 뭐든지 물건 하나를 고를 수 있는 상점에서 비누와 컵을 사고는 조선족 자치현

인 장백으로 가는 버스에 오른다.

 ## 조선족 자치현 장백에 가다

터덜거리는 버스로 몇 시간을 달려 장백에 도착하니 한글과 중국어로 쓰여 있는 간판이 눈에 들어온다. 먼저 시장에 들러 분위기를 익히면서 조선족을 찾는다. 어렵지 않게 반찬가게를 하는 아저씨를 만나 며칠 묵을 여관도 쉽게 잡았다.

북쪽으로 올라갈수록 음식은 맛있어지고 경계하는 눈총은 많이 받는다. 여권을 보여 줘도 그때뿐이고 북조선 사람이냐고 묻는다. 처음에는 아니라고 손사래를 치며 여권을 보여 주기도 했지만 지금은 그냥 그렇다고 해버린다. 물론 여관에 들어설 때는 잘 차려입은 아내와 아이들을 앞세운다.

국경수비대 공안이 찾아와 떠날 때까지 매일 신고를 하라 한다. 한국말을 할 줄 아는 공안도 있으니 어려운 일은 아니다. 여기서부터 단둥까지 압록강을 따라가는 여행은 말이 안 통해 겪는 어려움은 덜 하겠다.

시장 안에 있는 여관에 짐을 풀고 봄이 오는 압록강으로 산책을 나왔다. 강가에 있는 운동장 겸 공원에서는 조선족 아이들이 놀고 있다. 우리 아이들도 오랜만에 말이 통하는 아이들과 어울려서 신나게 논다.

너무 빠르게 북쪽으로 올라왔나 보다. 압록강에는 아직 얼음이 남아 있다.

시장에는 맛있는 음식이 넘쳐난다. 처음 먹어보는 옥수수 국수도
좋고, 여러 가지 볶음밥도 팔고, 김밥도 있고 떡도 있다.
　오늘은 오랜만에 삼겹살을 먹기로 한다. 삼겹살 15원, 상추와 매

운 고추 10원, 두부 2.5원, 쌈장과 김치 5원… 한국 돈 6,000원으로
푸짐한 저녁상이 차려졌다. 티벳 객잔에서도 몇 번 고기를 구워 먹
기는 했지만 오늘부터 저녁 한 끼는 여관에서 해먹기로 했다. 맛있
고 편안하고 좋다.
　압록강변에서 물수제비를 뜨며 노는 아이들, 따뜻한 마음도 실어
강 건너 마을에 올려놓는다. 강 건너에서 우리 노는 것을 지켜보던

아이들이 소리를 지른다. 건너 와서 같이 놀자고 소리를 지르며 손
짓을 한다.

　물이 얕고 강폭이 좁아 금방이라도 건널 수 있겠다. 얼음이 녹아

흐르는 압록강처럼 남북관계에도 봄이
찾아와 서로 마음을 열고 놀 수 있는 날이
어서 왔으면 좋겠다.

　압록에서 노는 며칠 사이 봄비도 내리고 날씨도 많이 따뜻해졌다.
압록강변에서 냉이도 캐고 쑥도 뜯어 먹으며 우리 모두에게 봄날이
오는 꿈을 꾼다.

이도백하에 가다

봄바람을 타고 이도백하에 간다. 도로공사가 한창인 길을 따라 오래된 버스는 힘겹게 오르막길을 올라간다.

장백에서 떠난 지 얼마되지 않아서 검문을 받는 데 시간이 오래 걸렸다. 우리 가족이 의심스러웠는지 국경수비대는 우리 가족만 버스에서 내리게 하고는 여기 저기 전화를 하면서 확인을 하고서야 출발할 수 있었다. 버스 시간이 늦어진 기사아저씨가 수비대에게 불평을 하지 않았으면 몇 달간의 중국 여행을 다 이야기하고서야 빠져나올 수 있었을 게다. 수비대는 처음에는 우리를 의심하더니 이야기를 조금 나누니 관심을 보이고 중국 지도를 펼쳐 보이며 여행이야기를 해주었더니 차도 끓여 주고 먹을 것도 나누어줬다.

예정보다 늦게 도착한 이도백하 조선족 식당 진달래 냉면집에서 늦은 점심을 먹고 숙소를 찾아 나선다. 이도백하는 백두산을 찾는 관광객을 맞는 작은 도시로 식당, 여관, 호텔들이 늘어서 있다. 아직 쌀쌀한 날씨에 비수기라 객방들은 한산하다. 이집 저집을 돌아다니다가 화장실이 딸린 값싸고 깨끗한 방을 구했다. 내일 오를 백두산을 생각하며 이른 저녁을 먹고 잠자리에 들었지만 쉽게 잠이 오질 않는다.

백두산에 오르다

밤새 잠을 설치며 수많은 꿈속을 걸어 다녔다. 소중한 인연들, 서로 상처 주고 아파했던 인연들, 부족하고 아쉬웠던 순간들, 아직 만나지 못한 인연들과 함께 걸었다. 모든 인연들이 한결같이 따스한 봄바람을 맞으며 걸어간다. 꿈속에서는 스스로에 대한 자책도, 용서하려는 마음도, 누군가에 대한 미움도 아무것도 없었다. 그저 따뜻한 체온이 모든 인연들을 감싸고 평화로운 길을 걸었다. 완전한 평화다. 잠을 설쳐가며 밤새 너무 많이 길어 몸은 피곤하지만 꿈에서 깨어난 마음의 새벽은 환하게 빛난다.

백두로 가는 버스를 기다리다 한국인 관광객 부부를 만나 버스요금으로 택시를 타고 백두산 산문에 도착했다. 입장료 125원, 보험료 5원, 백두산 여기저기를 도는 버스비 85원, 사파리차 80원, 일인당 300원을 들여 백두산에 오른다. 내 나라, 내 땅에 있는 산에 가는데 드는 비용치고는 너무 비싸다는 생각에 마음이 편하지 않다.

비룡폭포로 오르는 길에는 2미터가 넘는 눈이 쌓여 있다. 5월에

내린 눈으로는 50년 만에 최고란다. 중국 사람들은 엄청나게 많은 눈도 빨리 치우고 관광객을 받는다. 이렇게 벌어들이는 관광 수익이 엄청날 텐데, 북한과 남한이 사이가 좋아져서 북한이 관광수익을 나눌 수 있으면 좋겠다.

백두산 천지를 나와 비룡폭포를 타고 내려온 물을 담는다. 백두산 관광기념으로 천지물을 가져가겠다는 관광객들에게도 물을 담아 건넨다.

    녹연담(綠淵潭) 꿈에 그리던 연못이 여
기에 있었구나! 작은 폭포가 있고 깊이를
알 수 없는 연못이다. 이 근처 숲속 어딘가
에 오두막이나 하나 짓고 세월을 보내도 좋
겠다.

　드디어 백두산 천지에 올랐다. 가난한 여행자 가
족은 봄바람을 등에 메고 가난한 사람들이 사는 골목길을 걷고 중국
대륙을 가로질러 천지까지 왔다. 어제까지만 해도 폭설로 앞이 보이
지 않았다는데 오늘은 거짓말처럼 맑다. 고맙고도 행복한 날이다.

　내 나이 스무살 무렵, 인연을 맺은 스승이 있었다. 지금은 세상을
떠나 먼 곳에 계시지만 박배엽 시인은 삶의 의미를 일러주는 영원한
스승이다.

　국경표지석이 있는 곳까지 걸어가 경계를 넘으려고 하니 관리인
이 막는다. 국경을 넘어 북한땅에서 배엽이형 제사를 지내려 했던
계획이 무너지나 싶어 어정쩡하게 서 있으니 관리인이 어눌한 조선
말로 스님이냐고 묻는다. 그냥 그렇다고 대답해 버렸다. 그러면 뭐
든지 해도 좋다길래 이도백하에서 준비해 온 삶은 달걀과 차, 배엽
이형이 유품으로 남긴 물통에 천지에서 내린 물을 담아 소박한 상을
차리고 절을 올렸다. 형이 쓴 시를 읽고, 형이 생전에 자주 부르던
금강선녀를 노래한다. 울컥 쏟아지는 눈물이 천지로 떨어진다.

　남의 나라 중국 땅을 거쳐 올라온 백두산, 형에게는 많이 미안한
일이지만 내가 할 수 있는 일은 이것뿐이구나!

　"배엽이형, 미안해!"

백두산 안 갑니다

박 배 엽

이백만원이면
좀 적게는 백만원만 있으면
일주일쯤 중국 여행하며
백두산에 갈 수 있다고
일년짜리 적금을 든
회사원 내 친구가 있습니다.
얼마나 보고 싶으면
얼마나 가고 싶으면
저런 생각을 다 했을까
가슴 저며 딴 말은 못했지만
나는 백두산 안 갑니다.

삼팔선을 넘어서가 아니라면
분단의 철조망 휘휘 걷어 제껴
내 나라 내 땅으로 가는 길이 아니라면
김씨 이씨 박씨 제철공장 정형과 모두
얼싸안고 함께 가는 길이 아니라면
나는 백두산 안 갑니다.

돈으로 갈 수 있다면
돈으로라도 통일된 내 나라 내 땅 딛고
갈 수만 있다면

대동강 맑은 물에 목을 적시며
개마고원 영마루를 넘을 수만 있다면
전세금을 몽땅 빼서라도
일숫돈을 빌려서라도 지금 당장 떠나겠지만
남의 나라 땅을 딛고 구경 삼아서는
나는 절대 백두산 안 갑니다.
이백만원을 도로 준대도
백두산 안 갑니다.

　　　　수많은 사람들이 적금을 들고
　　　　　　하고많은 사람들이 백두산엘 다녀와도
　　　　　　분단의 장벽은 꿈쩍도 않고
　　　　　　세상은 아무것도 변한 게 없습니다.
　　　　　　백두산 가는 길이 그런 길이라면
　　　　　　꿈에서도 그리던 길 그 길 가는 길이
　　　　　　고작해야 그런 정도 길이었다면
　　　　　　나는 절대 백두산 안 갑니다.

　　　　철조망 지뢰밭이 앞을 막아도
내 나라 내 땅 질러가는 길이라면
통일을 기약하며 가는 길이라면
온몸이 찢겨지고 발목이 잘려서도
백번이고 천번이고 기꺼이 가겠지만
남과 북이 하나되어 가는 길이 아니라면
투쟁과 승리로서 얻은 길이 아니라면
나는 백두산 안 갑니다.
절대 백두산 안 갑니다.

울컥 쏟아지는 눈물이
천지로 떨어진다.

수남이 일기: 아침 6시 30분에 먼저 옷을 껴입고 먹을 것을 푸짐하게 챙기고 마실 물도 챙기고 이것저것 다 챙겼다. 오늘은 백두산에 가는 날이다. 짐도 다 챙겼으니까 출발!

버스정류장에 도착해서 버스를 기다리니 안 와서 한국에서 온 아저씨와 아줌마를 만나 같이 택시를 타고 백두산에 도착했다. 입장료는 125원이다. 한국 돈으론 22,000원이다.

천지 도착! 우와, 천지는 어마어마하게 큰 호수다. 폭포도 보고 천지 물도 담고 오늘은 정말 내 인생 최고의 날이다. 나중에 또 왔으면 좋겠다.

5월 5일 이도백하를 떠나다

여관에서 나와 조금만 걸으면 미인송 너른 숲을 만난다. 홍매가 피기 시작하는 강을 따라 봄이 오는 소리가 요란하다. 이도와 백하

를 걸으며 느린 인사를 건네고는 버
스를 타고 기차역으로 간다. 택시
를 타면 10원, 버스를 타면 3원
이면 된다. 좀 불편하고 느리긴
해도 기차역을 찾아가는 데는 문
제없다.

　　오늘도 우리는 많은 길을 걷는다.

　　기차를 기다리느라 점심을 중국 컵라면으로 때우고 남는 시간에
수남이가 한 달 동안 기다리고 기다리던 새총을 완성했다.
　　새총 몸통은 매화나무, 기차역으로 오는 길에 가지치기하는 숲에
서 얻었다. 고무줄과 가죽은 다리 장날에 수남이가 직접 사서 소중
하게 간직해 온 것이다. 자! 이제 새도 잡아먹자!
　　값이 가장 싼 딱딱한 의자칸에는 정해진 좌석이 없다. 작은 간이
역마다 수많은 사람들이 타고 내린다. 워낙 자주 서고 타고 내리니
좌석을 정해 놓을 수도 없겠다. 자작나무숲과 작은 마을들을 지나
늦은 오후가 되어서야 통화에 도착했다.
　　통화에서도 여관을 잡기가 쉽지 않다. 벌써 몇 군데 여관에서 퇴
짜 맞았다. 어디로 갈까 두리번거리고 있는데 별 네 개짜리 호텔에
68원 전광판에 불이 들어왔다. 호텔에 들어서니 기다렸다는 듯 예쁘
고 상냥한 북조선 아가씨들이 반긴다.
　　"애들아! 오늘은 고급 호텔에서 자 보자!"

옥황산에서 생긴 일

통화시가 내려다보이는 옥황산(玉皇山)에 올랐다. 저녁에 먹을 쑥을 뜯고 놀다가 진아가 아빠를 부른다.

"아빠, 똥!"

중국 유학(?) 석 달 만에 진아가 옥황산 나무 밑에 오줌도 누고 똥도 눴다. 허약체질로 태어나 뭐든지 좀 느린 진아가 29개월 만에 똥오줌을 가리기 시작한다.

아이들 커가는 일이 좀 느리면 어떻고 빠르면 어떠랴! 아빠는 늘 조금 떨어져서 너희들을 지켜 줄 테니 자유롭게 자라거라! 너희들의 봄날을 즐겨라!

고구려 유적이 남아 있는 작은 도시라 생각했는데 옥황산 정상에서 내려다보고서야 통화가 큰 도시라는 것을 알았다. 옥황산을 넘는 산길 3.5킬로미터를 걸었다. 아이들에게 기념으로 1원짜리 아이스바 하나씩을 사줬다.

집안으로 간다

며칠 머물며 도시 곳곳을 자세히 둘러보려 했는데 너무 큰 도시여서 엄두가 나질 않는다. 값싼 고급호텔 생활이 좋기는 하지만 고구려 유적지도 집안에 많으니 그곳으로 가야겠다. 배낭을 챙기고 호텔을 나선다.

통역을 해주고 길 안내도 해준 고마운 북조선 아가씨들과 기념사

아빠는 늘 조금 떨어져서
너희들을 지켜 줄 테니
자유롭게 자라거라!
너희들의 봄날을 즐겨라!

진 한 장 찍자 하니 안 된다 한다. 나는 그저 고맙고 좋은 마음뿐인
데도 규칙이 그렇다니 좀 서운하다.

　버스를 타고 산모퉁이를 돌고 돌아 집안에 도착하니 갑자기 늦봄
으로 들어선 듯 나른한 날씨다.
　조선족 식당에서 냉면과 자장면으로 점심을 배불리 먹고 꽃밭에
서 노닐다가 숙소를 잡으려니 집안에서도 힘겨운 방잡기가 계속된
다. 흥정을 해서 싼 방을 구했나 싶어 여권을 보여주면 안 된단다.
　열 군데가 넘는 곳을 둘러보고서야 압록강변에 있는 진달래불고
기집 아주머니 도움으로 60원에 깨끗한 여관방을 구했다. 고마운 마
음에 아주머니가 일하시는 식당에서 저녁을 먹었다. 하루 방값보다
비싼 삼겹살 44원, 물값 따로 5원, 상추값 따로 5원, 밥값 따로 10
원 모두 다해 64원, 고마운 마음은 전했으니 다시 자력갱생 여행자
모드로 돌아간다.

오늘부터는 여기가 너희들 놀이
터다. 자리 잡은 집도 압록강과
가까워 좋다. 여권을 복사하고
경찰서에 몇 번이나 왔다 갔다
하는 불편함을 감수해 준 여관
주인의 마음도 고맙다. 결국 경
찰이 여관에 찾아왔다. 이런 저런
신고를 마쳤으니 내일부터는 맘 편히
놀기만 하면 된다.

5월 8일   압록의 아침, 광개토왕비, 장군총

압록의 아침! 오늘은 얼마나 날씨가 좋으려는지 강물 위로 물안개
가 자욱하다. 속 깊은 강물은 소리 없이 흘러간다. 강 건너 밭이 트
랙터 소리로 요란하다. 본격적인 봄농사가 시작되는 모양이다. 뜨
락또르(북한 자체 개발 트랙터)가 밭을 갈고 앞서 가면 소가 쟁기를
끌고 고랑을 만든다. 그 뒤로 씨를 심으며 걷는 사람들이 따른다. 조
용하고 아름다운 풍경이다. 이른 아침 산책길에서 오래된 그림 한
장을 만났다.

버스를 타고 시골길을 지나 광개토왕릉에 왔다. 입장료가 30원,
장군총 따로, 호태왕비 따로 이것저것 해서 통표가 120원이란다. 우
리 문화재를 보는데 중국에 돈을 내기가 아까워서 일단 광개토왕릉

과 비 입장료 30원만 내고 둘러보는데 한국인 학생들을 만났다. 톈진에 있는 한국 국제학교 중학생들이다. 수남이는 금새 마음 좋은 형을 만나 졸졸 따라다니며 잘도 논다. 여동생들만 있는 수남이는 형들을 좋아한다. 마음 좋은 형은 헤어지면서 아이들에게 아이스크림을 사주고 갔다.

그냥 외국이나 영원히 떠돌면서 살까?

광개토대왕릉에 올라 외국인 영어선생과 기념사진을 찍는다. 한국에서는 이상한 놈 취급당하기 일쑤였는데 물 건너오니 그저 다른 사람으로 바라보는 시선이 편안하다. 그냥 외국이나 영원히 떠돌면서 살까? 하는 생각도 들고….

'누나김밥집'에서 사온 김밥으로 점심을 먹고 장군총을 찾아간다. 광개토대왕릉 버스 종점에서 슈퍼를 운영하시는 친절한 조선족 아주머니가 길을 가르쳐 주었지만 중간 갈림길에서 길을 잘못 들었다. 사과꽃 향기 날리는 과수원을 지나 멀리 보이는 장군총을 향해 걷다가 이제 막 새싹이 돋기 시작한 풀밭을 보니 달래가 무리 지어 자라고 있다. 몇 년을 자랐는지 뿌리도 굵다. 오늘 저녁에는 삼겹살과 마늘, 깻잎 장아찌와 밥을 사고 봄내음 진한 달래로 향기나는 밥상을 차려야겠다.

　　장군총은 입장료를 내지 않고 멀리서 봐야 더 좋다. 장군총 주변은 사과, 배 과수원과 논, 밭들이 차지하고 있다. 우리 문화재가 홀대 받고 있어 마음이 좋지 않다.

　　오늘은 너무 많이 걸었나 보다. 정수는 밭갈이를 끝내고 집으로 돌아가는 소달구지를 보더니 저도 타고 싶어졌나 보다. 달구지가 멀어질 때까지 쳐다보고 있다.
　　"정수야! 우리도 집에 가서 달래쌈에 삼겹살 먹자!"
　　슈퍼에서 만난 조선족 아주머니께서 택시비 흥정을 잘 해줘서 버스비만 내고 여관까지 편하게 돌아왔다.

　　수남이 일기: 아침을 먹고 버스를 타고 광개토대왕 비석을 보러 갔다. 비석이 엄청나게 컸다. 그리고 또 광개토대왕 무덤을 보러 갔다. 가던 길에 중국에 있는 한국학교에 다니는 형들과 누나들을 만났다. 같이 무덤을 보고 아이스크림을 먹고 형아, 누나들과 헤어졌다.

그리고 장군총을 보러 출발. 장군총을 찾아가다가 길을 잃어서 옆쪽을 내려다보니 장군총이 보였다. 장군총에 도착, 들어가지 않고 사진만 찍어서 아쉬웠다.

압록강에서 놓친 거대 물고기, 잡은 개구리

1원짜리 중국라면 세 개, 버너, 휴대용 오디오를 가지고 압록강으로 소풍을 나간다. 압록을 거슬러 올라 조용한 강가를 찾아 자리를 펴고 버너를 꺼냈는데 어제 어렵게 구해 둔 부탄가스가 없다. 그렇다고 그냥 돌아갈 수는 없는 노릇, 마른 풀과 나뭇가지를 모아 불을 지핀다.

맛있게 간식을 먹고 민정이와 정수가 만들어준 꽃반지, 꽃팔찌, 꽃핀을 달고 꽃잔치를 벌인다.

음악이나 들으며 강바람이나 맞으며 노니는데 강가로 커다란 물고기가 어슬렁거린다. 수남이가 돌을 던져 잡으려 해도 도망치지 않는다. 바지를 걷고 물에 들어가니 깊은 물로 후다닥 들어가 버린다. 너무 아쉬워하는 아이들! 수남이는 새총으로 잡으려 했는데 아빠가 물에 들어가는 바람에 도망쳤다며 울상을 짓는다. 아쉬운 마음에 강가를 두리번거리던 수남이가 새총으로 개구리를 잡았다. 불을 다시 지피고 마른 말똥을 주워 모아 숯을 만들어 개구리를 굽는다. 오랜만에 먹어 보는 개구리 뒷다리, 맛 좋다! 야생에 살으리랏다!

아이들이 역사를 본다. 국내성을 복원하지는 못할망정 성이 있던 곳에 아파트가 들어서 있던 성도 끊어 놓았다. 돌을 일정한 크기로 다듬어 견고하게 쌓은 성이다. 기초 규모로 예측해 보면 엄청나게 큰 성이었겠다.

새벽마다 맛있는 시장이 열린다. 6시 정도에 시작해서 8시까지 딱 두 시간만 열리는 시장이다. 대부분의 음식들을 5원 이하에 먹을

수 있다. 자고 있는 아이들을 흔들어 깨워 중국 사람들 틈에서 부지
런한 아침을 먹는다.

　수남이 일기: 아침을 먹고 강가에 갔다. 강가에 간 이유는 강가에
서 놀면서 라면을 먹기 위해서다. 그런데 개구리 포착, 아빠가 새총
으로 잡으라고 했다. 진짜로 잡았다. 아빠가 개구리를 구워 먹자고
했다. 아빠가 불을 지피고 개구리에게 막대기를 꽂은 다음 구웠다.
다 구운 다음 뒷다리를 뜯어 먹었다. 아주 맛있었다. 또 먹고 싶다.

하로하

집안에서 단둥까지는 버스로 하루에 이동하기에는 너무 먼 거리다. 버스 터미널에서 노선표를 보다가 단둥과 중간 지점이고 이름이 예쁜 하로하(이슬강 아랫마을)로 가기로 한다.

일주일간 정이 든 여관 주인은 삶은 달걀과 생수 7병을 싸 주셨다. 털털거리는 나이 먹은 버스는 압록강을 따라 내려간다. 압록으로 모여드는 샛강을 만나기도 하고 산모퉁이를 돌고 돌아 하로하에 도착한다. 꾸물거리는 날씨에 묵을 곳을 찾는데 방이 없다. 워낙 작은 마을인데다가 여관이 몇 개 있기는 하지만 경찰이 외국인을 받지 못하게 한다.

하루 밤 묵을 곳을 찾아 작은 마을을 돌고 있으니 기숙학교 학생들이며 동네 주민들 시선이 집중된다. 배고프다고 칭얼대는 아이들을 데리고 들어간 식당에 조선족 아주머니가 있어 부탁을 해보지만 헛일이다. 식당을 나서니 해는 저물고 빗방울이 떨어지기 시작한다.

어디 비라도 피할 헛간이나 처마 밑이라도 찾아야겠다는 마음으로 길을 걷다가 작은 교회를 만났다. 저녁 예배를 드리기 위해 교회에 있던 조선족 아저씨를 만나 부탁하니 여기저기 전화를 해보고, 이것저것 물어보시고는 아궁이에 불을 지피며 따뜻하게 맞아 주신다.

하로하에서도 고마운 인연을 만났다. 아침은 어찌하느냐 물으시
고 중국 사람들처럼 먹는다고 대답하니 오토바이를 몰고 나가신다.
가마솥에 따뜻하게 데운 물로 아이들 발을 씻기고 있는데 신도 몇 분
과 아저씨가 장을 봐서 들어오신다. 손에는 딸기와 천도복숭아 봉지
가 들려 있다. 며칠 전 부터 아이들이 먹고 싶다고 노래를 불렀지만

비싸서 사주지 못했던 과일들이다. 정성스레 씻어서 내어주시며 천
천히 많이 먹으라 하신다. 금새 따뜻해진 구들방에서 맛있는 과일을
먹고 포근한 잠자리에 든다. 고맙고도 고마운 인연이다.

5월 12일 단둥으로

이슬강 아랫마을! 그럴 수만 있다면 한동안 살아보고 싶은 너무나
아름다운 동네다. 단죽과 빵, 엄나무순이며 봄나물들로 고마운 아

침밥을 먹고 조선족 어른들과 아침예배도 드렸다. 고맙고 감사한 마음만 교회에 남기고는 9시 30분 단둥행 버스에 오른다. 버스를 타고 10여 분쯤 지나자 버스 안내원이 버스비를 받으러 온다.

그런데 어른 둘에 아이 네 명 요금을 요구한다. 집안에서 하로하까지 온 버스표를 보여주고 기차표를 보여 줘도 막무가내다.

중국에서는 키가 120센티 이하 어린이는 무료이고 120~150센티 아이는 반값이라는 것을 더 잘 알고 있을 안내원이 돈을 좀 더 받겠다고 욕심을 부린다.

말이 통하지 않는 20여 분이 흐르고 고개 하나를 넘고 인적이 없는 산중 외딴집에 버스가 멈추길래 아이들 보고는 짐을 챙기라 하고 버스에서 내려버렸다. 아까 냈던 100원을 돌려 달라, 짐칸에 있는 짐을 내리겠다. 문을 열어 달라 하니 그냥 타란다.

누군가의 욕심은 웃음을 사라지게 한다. 그래도 친절한 중국 사람들과는 그동안 여행이야기를 하며 즐겁게 단둥으로 간다. 단둥에 도착하니 국제도시답게 여관 잡는 일이 쉽다. 어른 여권만 보여주는 것으로 70원에 욕실이 딸린 방을 구했다. 밀린 빨래를 하고 아이들을 씻기고, 온 방안에 거미줄처럼 빨래줄을 걸고 단잠을 잔다.

수남이 일기: 단둥으로 가려고 했는데 시간이 너무 길어서 중간에 내렸다. 그런데 여관이 세 곳 있는데 한 곳은 너무 비싸고 두 곳은 안 재워 주고 할 수 없이 교회에서 잤다.

버스를 타고 단둥으로 갔다. 단둥에 도착해서 여관을 잡고 바다 구경을 갔다. 큰 조각상에서 미끄럼도 타고 솜사탕도 먹고 아주 재미있었다. 그리고 한국 할아버지를 만나서 용돈도 받고 아이스크림도 먹고 여관에 도착해서 TV를 보다가 푹 잤다.

5월 13일 단둥 가족회의

단둥에서 인천으로 가는 배가 있다. 30만 원 정도면 온 식구가 한국으로 돌아갈 수 있다. 많이 힘들면 집으로 돌아가자 하니 가끔 힘들어도 재미있다며 몽골로 가자 한다.

분단의 아픔과 전쟁의 참상을 상품화해 팔려는 사람들과 무역을 하는 사람들로 붐비는 한편 고향을 잃은 사람들이 서글픈 눈으로 고향 땅을 바라보는 곳, 단둥. 압록강가에서 쓸쓸한 황혼을 보내는 노인을 만나 긴 이야기를 나누고 늦은 오후에야 베이징행 기차에 오른다.

단둥 가족회의에서
만장일치로 몽골행을 정했다.

베이징행 기차를 기다리며
덜 마른 빨래를 널어 말린다.
봄 햇살이 좋고 바람도 좋다.

무서운 베이징

16시간 밤샘기차를 타고 아침에 도착한 베이징역, 역을 빠져나오자마자 호객꾼들이 들러붙는다. 자기들끼리 우리 가족을 가리키며 "바이 치아오지엔, 바이 치아오지엔" 하며 떠든다. 북조선 사람이냐는 물음이다. 요즘은 다른 사람들이 바라보는 대로 무조건 그렇다고 대답한다. 나이도, 국적도 사람들이 바라는 대로 그렇다고 수긍한다.

베이징에서 만난 사람들은 대부분 우리 가족을 탈북자로 본다. 큰딸과 손자·손녀를 데리고 탈북한 거지 정도로 바라본다. 그래도 우리 가족이 돈으로 보이는지 몽골대사관에 가려면 어찌 해야 하냐고 물으니 택시나 밴을 타라 하는데 기사들 부르는 값이 만만치 않다. 기본요금이 10원인데 60원에서 200원까지 천차만별이다.

단둥에서 미리 적어 온 주소와 전화번호가 있으니 걸어서 찾아가기로 한다. 길을 물어물어 한 시간 가량 걸려 대사관을 찾았다. 바쁘

고, 시끄럽고, 부자들의 도시 베이징! 차라리 호객꾼들의 거짓 친절이 없었으면 더 빨리 편안하게 대사관을 찾았겠다. 오전에만 접수를 받는 대사관에 11시 45분에 도착해서 부랴부랴 서류를 작성해 제출하고 나니 비자 발급일까지 일주일을 기다려야 한다. 사람이 돈으로 보이는 무서운 도시에서 머물 수 없어 만리장성이 있는 작은 도시 장가구로 간다.

 ## 장가구

새벽 2시 20분에 도착한 장가구역, 호객꾼을 따라 40원짜리 여인숙에 짐을 풀고 쓰러지듯 침대에 몸을 뉘였다. 늦은 아침을 먹고 좀 더 깨끗한 숙소를 찾기 위해 북부 기차역으로 움직여 숙소를 찾으려 하루 종일 돌아다녔지만 우리 가족을 받아주는 곳이 없다.

50원이면 공동화장실과 샤워장이 있는 깨끗한 여관에 묵을 수 있지만 한국인이라는 이유로, 신고서류 작성이 귀찮다는 이유로 가는 곳마다 박대다. 한국산 자동차와 전자제품은 많이 보이는데 값비싼 호텔에 머물지 못하는 가난한 나그네는 환영받지 못한다.

늦은 저녁이 되어서야 출발했던, 철거 직전의 허름한 여인숙으로 돌아와 곤한 몸을 다시 뉘인다. 어제와 같이!

개발로부터 밀려난 도심 외곽 허름한 여인숙만이 우리 가족을 받아주었다. 아무리 불편하고 허름하더라도 집이라 생각하니 마음이 편안하다. 영어를 조금 할 줄 아는 아들과 딸에게 장가구에 대한 정

보도 얻을 수 있어 좋다. 오늘부터 몽골 비자가 나올 때까지는 이곳
이 우리 집이다.

 ## 만리장성

　지도와 버스 노선표를 보며 아이들과 함께 놀만 한 곳을 찾는다.
일단 만리장성이 지나는 곳이니 버스를 타고 만리장성으로 출발, 그
리 크지 않은 도시에 어울리지 않는 큰 도로, 보기 쉬운 버스 노선
표, 한 번 갈아타고 쉽게 만리장성에 도착했다. 거대 관광지로 개발
중인 성안은 시멘트 먼지만 가득할 뿐 볼 것이 없다.

　만리장성도 말이 장성이지 기단부분을 빼고는 최근에 쌓아 올린
것이다. 여기저기 둘러보며 흙장난이나 하다가 오래된 성의 흔적을
만났다. 토성이다. 대략 200년 차이가 나기는 하지만 2,000년 전이

니 고구려 국내성과 거의 비슷한 시기에 만들어진 성 치고는 기술이 많이 떨어진다.

　중국은 장가구 만리장성을 새로 만들고 있다. 원래 성인 토성의 흔적을 지우고 벽돌을 쌓아 새로운 성을 만들고 있다. 몇 년이 지나지 않아 토성은 벽돌성으로 바뀌고 역사도 바뀌겠다. 역사는 진실이어야 한다. 역사를 왜곡하는 것은 자신을 뿌리째 흔드는 일이다.

　수남이 일기: 점심을 먹고 버스를 타고 만리장성에 갔다. 공사 중이어서 못 올라갔다. 그냥 밑에서 흙장난하다가 집에 돌아왔다. 만리장성에 못 올라가서 아쉬웠다. 아침 먹고 시장에 가서 장을 본 다음 산에 올라갔다. 너무 힘들고 다리가 쑤셨다. 그리고 너무 목이 말랐다. 주스를 마셨다. 너무 맛있었다. 맛있는 주스를 마시니 힘이 솟았다. 힘내서 올라갔다. 드디어 꼭대기, 오를 땐 힘들었지만 경치를 구경하니 기분이 좋다. 우와~ 좋다.

박대 그리고 산행

아침거리를 사러 들어간 만두가게, 사람들은 만두를 먹고 있고 찜솥에서는 김이 모락모락 나는데 손사래를 치며 나가란다. 돈을 보여주며 "만두 여섯 개만 주세요." 해도 없다며 쫓아낸다. 요즘 들어 이런 박대가 잦아졌다. 무슨 이유일까? 뭔가 이유가 있겠지?

장가구 시내가 한눈에 내려다 보이는 산에 오른다. 제법 높은 산인데 아이들은 쉽게 올라간다. 여행이 아이들을 단련시킨 모양이다. 산꼭대기 정자에서 땀을 식히며 놀고 있는데 젊은 남녀가 힘들어 하며 올라온다. 아이들이 웃는다. 젊은이들도 따라 웃는다. 젊은

이들은 간식을 한 보따리 싸왔
다. 그것 때문에 힘들었겠구
나! 젊은 남녀는 아이들과
이런저런 이야기를 나누며
빵, 음료수를 함께 나눠 먹
다가 남은 음식을 아이들에게
모두 주고 자리에서 일어난다.
이제는 우리가 음식 보따리를 지고
내려가게 생겼다.

물건 값은 보통 부르는 값의
절반이면 흥정이 된다.

　고마운 마음으로 산에서 내려와 시장에 간다. 우리 진아는 너무
빨리 자란다. 석 달 만에 한국에서 입고 온 바지가 작아졌다. 중고
신발 가게에서 5원짜리 운동화를 사고 아동복 전문점에서 10원짜리
예쁜 바지를 5원에 샀다. 중국에서는 물건 값 깎는 재미가 좋다. 아
니 값을 깎지 않으면 이상하다. 음식 값은 쓰여 있는 대로 내지만 물
건 값은 보통 부르는 값의 절반이면 흥정이 된다.

5월 18일　계곡 찾아가기

　비자를 기다리며 여인숙 생활 5일째다. 목욕을 못한 지도 그만큼
되었다. 조용하고 깨끗한 계곡에서 물놀이도 하고 목욕도 할 생각으
로 버스를 여러 번 갈아타 가며 시골 마을로 간다. 버스에서 내려 한
시간을 걷고 걸어 도착한 냇가에 아이들이 물놀이를 하고 있다. 잘

찾아왔구나 싶어 즐거운 마음으로 냇가에 가까이 가니 거품이 둥둥
떠다니는 더러운 물이다. 다시 상류로 한참을 걸어가 시원한 계곡을
찾아보지만 헛일이다.

　무엇을 하며 놀까? 잠시 생각하던 아이들이 강가에서 곱게 다듬
어진 돌무더기를 보더니 탑쌓기 놀이를 시작한다. 의자도 만들고 침
대도 만들며 잘도 논다. 제법 무거운 돌까지 옮겨가며 온 힘을 다해
노는 아이들! 아이들은 놀이가 전부다. 공부도, 일도 아이들의 놀이
처럼 하면 못 이룰 것이 없겠다. 아이들처럼 놀고 나면 언제나 잠자
리가 평안하다.

　요즘 주화씨도 낮잠의 맛을 알기 시작했다. 진아와 아빠는 여행을
하면서도 낮잠을 꼭 잔다. 몸과 꿈이 자라기에 낮잠은 좋은 밥이다.

**일도 아이들의 놀이처럼
하면 못 이룰 것이 없겠다.** 아이들이 며칠 전부터 조르던 수박을 샀다. 한동안 값이 싼 못생긴 토마토가 한 끼였다. 사실 과일로 한 끼를 해결할 수 있다는 것은 크나큰 행운이다. 오늘은 수박 한 덩이와 가벼운 빵이 밥이다. 행복한 저녁이다.

우리 정수는 어딜 가나 대장이다. 공원에 있는 놀이배를 타면서도 정수는 선장이 된다. 아빠와 민정이는 열심히 페달을 구르며 노를 젓고 수남이는 고장난 방향키를 잡았다. 우리 가족은 그렇게 하나가 되어 여행을 하는구나!

 버스를 타고 종점에 도착 강가를 찾으러 논밭을 지나고 물을 건넌다. 아빠가 우리를 강물에서 다 건네줬다. 마지막으로 엄마는 업고 왔다. 엄마가 기분이 좋다고 했다.

강물을 찾았다. 그런데 물이 너무 더러웠다. 조금 더 올라가도 더럽고 더 올라가도 더럽다. 그냥 돌을 가지고 놀기로 했다. 물놀이를 못해서 아쉬웠다. 다음엔 꼭 해야겠다.

5월 19일   장가구를 떠나다, 아니 쫓겨나다

여인숙에서 나가야 한다. 경찰이 여인숙 주인에게 내보내라고 명령했단다. 여인숙 주인은 더 있게 하고 싶다며 미안해 하지만 그럴 수 없다. 경찰서에 찾아가 사정을 이야기해도 소용이 없다. 여관에는 절대 묵을 수 없고 호텔로 가라 한다. 몽골 비자를 받느라 여권이 몽골 대사관에 있고 복사본만 가지고 있는 우리는 호텔에서도 받아주지 않는다. 장가구에서는 더 이상 머물 곳이 없다.

머리 뉘일 곳 하나 없는 처량한 나그네 신세이기도 하지만 장가구에서는 볼 것은 다 보았으니 더 좋은 곳으로 떠나라는 뜻으로 알고 그동안 고맙게 대해 준 여인숙 주인에게 공손히 인사를 드리고는 짐을 챙긴다. 어디로 가느냐며 안쓰러운 눈으로 바라보는 안주인에게는 근처 시골 마을을 지도에서 짚어주며 다시 한 번 고마운 인사를 전했다. 베이징과 장가구 중간에 있는 항화로 간다.

 여관에서 쫓겨나고 한 작은 마을에 도착했다. 여관

을 잡는데 너무 힘들었다. 겨우겨우 잡은 여관에 들어가서 조금 쉰 다음 저녁을 먹고 돌아와 푹 잤다.

항화에서

작은 면 단위 정도의 작은 시골 마을을 생각했지만 제법 큰 도시다. 밤 늦게 도착한 도시에서 어렵게 방을 구하고 쓰러져 잤다. 고단한 여행자에게 잠은 언제나 달다. 아침에 일어나니 가까운 곳에 시장이 있다. 여느 때처럼 아침밥을 준비하러 나온 아침 산책길에 만난 사람들! 사람들 안에 사람이 있다.

내가 그동안 인연을 맺고 지내던 사람들이 시장통에 모두 나와 있다. 다 다른 사람들이지만 삶을 살아가는, 시장에서 살아가는 사람들 안에 그들이 다 있다. 어찌 보면 당연한 일 아닐까? 사람이 사람

을 낳고 생각이 생각을 낳는다. 누가 귀하고 누가 천하겠는가? 누구에게나 귀한 무언가가 있다. 다 다르지만 다름 속에 귀한 네가 있다.

수남이는 쓰레기통에서 주워온 플라스틱 병으로 물총을 만들어 동생들에게 나눠줬다. 장가구에서 경찰과 호텔 주인에게 천대를 받으며 기차에 오를 때는 좀 서운한 마음이 있었지만 조용하고 깨끗한 공원에서 신나게 노는 아이들을 바라보니 내 마음도 편안하다. 어찌 되었던 오늘과 내일을 보내고 나면 몽골로 간다 생각하니 더 좋다. 비자 비용을 아끼느라 기다리는 기간 동안 보지 못한, 만나지 못한 중국과 인연들을 둘러보았으니 약간 불편한 속이야 견딜 만하다.

수남이 일기: 아침을 먹고 인민공원이라는 큰 공원에 갔다. 딱 들어가는 순간 놀이터가 보였다. 놀이터에서 한 30분 놀고 배를 탔다. 그런데 너무 힘이 들었다. 아빠 없이 우리끼리 공원에 가서 물총을 만들어서 놀고 어제 놀았던 놀이터에서 놀고 6시에 집에 돌아가는 길에 수박 반 통을 샀다. 엄마가 진아를 안고 있어서 내가 사왔다. 오늘 저녁은 수박 반 통과 아침에 먹다 남은 빵을 먹는다. 아빠는 지금 오고 계실까? 기차는 타셨을까? 정말 궁금하다.

5월 21일 베이징, 몽골 대사관에서 여권 찾기

아이들과 아내는 항화에 남겨두고 여권을 찾기 위해 혼자 베이징으로 간다. 기차를 타고 버스를 타고 심지어 걸음을 옮기면서도 꿈을 꾸었다. 내 환상 속에는 무거운 가죽 옷이 여러 벌 걸려 있는 옷걸이 진열대가 나타난다. 진열대에는 옷걸이 하나가 비어 있다.

여권을 찾아 버스를 타고 베이징 서부역으로 가는 버스에서 졸다가 물통을 떨어뜨리는 순간 하나 남은 옷걸이에 내 무거운 가죽점퍼를 벗어 걸었다. 무거운 짐을 벗은 듯 가벼워진 어깨가 시원하다. 몽골 대사관 앞에서 스위스 남자와 독일 여자 연인을 만나 한참동안 여행 이야기를 나눴다. 다음 주에 몽골로 간다 하니 우리 가족과 일정이 비슷하다. 어디선가 또 만날 수 있을 듯싶어 전화번호와 이메일 주소를 주고받았다.

항화에서 싱허로

지도에는 틀림없이 항화에서 울란차부로 가는 기찻길이 있는데 매표소 직원은 그런 기차가 없단다. 무슨 이유가 있겠다 싶어 울란차부와 중간 지점인 싱허로 가는 표를 샀다. 산도 숲도 아무것도 없는 광막한 광야를 달린다. 내몽골을 달리는 기차는 그저 파란 하늘과 사막을 가로지른다. 베이징에서 멀어질수록 이방인에게 친절한 사람들을 자주 만난다.

흙먼지 날리는 광야에 있는 도시지만 사람들은 친절하고 깨끗하고 정리가 잘 된 도시다. 여행자에게 친절한 호텔 직원을 만나 100원에 깨끗한 방을 구했다. 우리 가족에게 관심을 보이는 호텔 직원들에게 지도를 펼쳐놓고 여행 이야기를 해주었다. 장가구와 항화에서 고생을 했으니 고기도 구워 먹고 밀린 빨래도 하고 푹 쉬어야겠다.

 울란차부로

봉고차로 3시간을 달렸다. 버스 시간표가 특별히 있지 않고 적당히 사람이 차면 출발하는 재미있는 버스다. 크고 좋은 버스는 좀 늦게 출발하고 낡고 작은 차는 자주 떠난다. 먼지바람을 가르며 끝없이 펼쳐진 옥수수밭과 초원을 지나 울란차부에 도착했다. 내일이면 국경도시 이롄(얼란후어터)으로 간다. 울란차부에서도 좋은 사람들을 만나 여관비로 호텔을 잡았다.

항화에서 울란차부로 가는 기차표를 구하지 못한 이유를 알았다. 내몽고 자치구 대도시 울란차부는 중국어 명칭으로는 지닝이다. 몽골어와 중국어를 함께 쓰는 도시를 중국어로 말했으면 표를 구할 수 있었겠다. 좀 씁쓸하다. 이곳은 분명 중국이 아닌 몽골이다. 거대한 평야가 그렇고 광야에서 불어오는 바람이 그렇다.

도시락을 사기 위해 들어간 식당에서 친절한 몽골사람을 만났다. 볶음밥 두 그릇을 사고 나오는데 가족 모두를 만나고 싶다는 사람들이 호텔까지 따라 들어와 휴대폰으로 사진을 찍고 아이들에게 용돈도 나누어 준다. 한참 동안 여행 이야기들 듣고서야 호텔을 나선다. 초라한 옷을 입고 있지만 낯선 나그네를 반갑게 맞아주는 아름다운 사람들이다.

5월 24일 **울란차부에서 얼란후어터**

7시간을 달려야 하는 거리인데 기차표 값이 20원이다. 지정석이 없는 자유좌석이고 변방을 달리는 기차는 낡고 느리고 편안하다.

낡고 느린 기차는 간이역을 그냥 지나치지 않는다. 키 작은 나무 그림자는 길어져 해가 저무는데 허허벌판에 서 있는 작은 간이역에 기차카 멈춘다. 내리는 사람은 한 사람뿐이다. 단 한 사람을 위해 멈추는 커다란 기차! 저무는 해를 등지고 광야를 걸어가는 한 사람, 끝없이 펼쳐진 광야에는 집이라고는 찾아볼 수 없다. 저 지평선 너머에 가족들이 기다리고 있으려나?

일단 가격은 꼭 물어보고 타야 한다

얼란후어터에 도착하니 몽골 친구가 반겨준다. 다른 말을 하는 우리가 신기한지 한참 동안 같이 논다. 봉으로만 된 미끄럼틀을 타는 법도 가르쳐 줬다. 역시 아이들이 노는 데는 말이 필요 없다.

역 앞 놀이터에서 잠시 놀면서 어디로 갈까 생각 중인데 20원짜리 여관을 소개해 주겠다며 친절하게 다가온 택시기사가 있어 호의로 생각하고 흥정 없이 택시에 탔다가 낭패를 봤다. 여관 몇 군데와 호텔을 들르더니 6원 하는 택시비를 50원이나 내라 한다.

85일간 중국 여행을 하며 택시를 몇 번 타본 경험으로 어느 도시는 5원, 어디는 6원, 베이징은 10원, 청두는 9원, 쿤밍은 7원, 지도를 짚어가며 이야기를 해도 막무가내다. 100원짜리 여관급 호텔을 소개해 주고는 거기서 자란다. 욕심이 담긴 호의였구나! 후회해도 소용없는 일이다.

20원을 주고 먼지를 털듯 택시기사를 쫓아버렸지만 운전석에 앉아 우리를 지켜본다. 저녁 장사를 준비하는 꼬치구이 집을 지나 다른 여관을 찾아 나서니 택시기사도 떠난다. 조금 걸어가니 여관이 있다. 경찰서 앞이라 더 좋다. 여차하면 경찰을 불러 여행자 등기를 하고 자면 되니 좋다. 여관 주인은 의외로 영어를 조금 한다. 국제도시여서 그런지 여행자 등기도 쉽다. 말이 통하니 흥정도 쉽고 화장실이 딸린 널찍한 방을 싸게 구했다.

이곳에도 꽃이 피고 지고 무척이나 더운 날씨다. 비가 적어 건조하고 더운 날씨에 사람들은 나무를 살리기 위해 물을 주고 가지를 자

아무렇게나 심어놓아도 잘 자라는
한국은 정말 축복받은 땅이다.
아이들도 머나먼 나라에서
땅을 파고 무언가를 심는다.
아이들의 꿈인지 희망인지 모를 무언가를!

르고 무슨 약을 바른다. 아무렇게나 심어놓아도 잘 자라는 한국은
정말 축복받은 땅이다. 아이들도 머나먼 나라에서 땅을 파고 무언가
를 심는다. 아이들의 꿈인지 희망인지 모를 무언가를!

중국에서 마지막 만찬

어제 저녁 시장으로 가는 길을 묻기 위해 들른 화장품가게 주인의
초대로 몽골인 가족과 중국에서의 마지막 만찬을 즐긴다. 몽골인 아
주머니는 중국음식과 몽골음식 특별히 한국 김치도 준비해 주셨다.
가족 이야기, 몽골 이야기, 내몽골에 살게 된 이야기, 여행 이야기
를 나누다가 아주머니가 묻는다.

"왜 이렇게 길고 힘든 여행을 하세요?"

우리는 왜 여행을 하고 있지? 나 자신에게 다시 물어본다. 참 긴
시간을 느리게 걸어왔다. 중국에서 90일, 다른 나라, 다른 말, 다 다
른 사람들, 다른 시간, 다른 길을 느릿느릿 걸어 내몽골까지 왔다.
넉넉하지 못한 살림 덕에 아주 많이 걸을 수 있었고 제철 과일로 밥
을 대신하고 일상을 살아가는 중국인들과 함께했다.

우리 가족은 삶의 생생한 진실을 함께하고 있다. 삶의 진실은 왁
자지껄한 시장통에, 새벽길을 쓸고 가는 청소부의 빗자루에도 몽골
광야를 떠도는 먼지바람에도 있었다. 사람을 돈으로나 이용해 먹을
수단으로만 보는 무지한 사람들의 오만과 편견도 어디에나 있었다.
우리 가족은 진실한 눈으로 그것들을 마주하기 위해 오늘도 걷는다.

중국에서 마지막 만찬으로 차려진 세 개 나라 음식. 다름을 보

고 배우고 사람의 진실을 느끼고 배우는 것이 우리의 여행이다. 내 안에 중요한 질문을 다시 던져 주신 몽골 아주머니가 무척이나 고맙기만 하다.

중국에서는 한국 화장품과 생활용품이 인기다. 척박한 땅에서 희망을 일구며 사시는 아저씨가 존경스럽다. 몽골은 중국보다 물가가 조금 비싸다고 해서 얼란후어터 국제시장에 가서 몇 가지를 사고 중국돈을 몽골 돈으로 바꿨다. 내일이면 국경을 넘어 몽골로 들어간다.

5월 27일 중국 비자 마지막 날, 걸어서 국경을 넘으려 하다

나라와 나라의 경계가 이렇게 엄격해진 세월이 얼마나 되었을까? 걸어서 10분도 안 걸리는 거리를 넘는데 80원을 내야 한다. 아이들

도 마찬가지다. 돈도 돈이지
만 나라와 나라의 경계를 지
우고 싶었다. 국경수비대
1차 관문에서부터 안 된다
는 것을 오늘이 비자 마지
막 날이다, 돈도 없다. 사정
을 하니 한동안 뜸을 들이며 무
전을 치더니 그냥 가라 한다.

　2차 관문에서도 막힌다. 똑같은 사정을 이야기하고 초소 앞에 주
저앉아 고비사막에서 불어오는 모래바람을 맞으며 기다리니 우리
식구들이 측은해 보였는지 차를 우려먹는 통에 더운 물을 부어주며
들여보내 준다. 드디어 성공이구나 싶어 들뜬 마음으로 웃으며 출입
국 사무실로 향한다.
　수비대 책임자로 보이는 인상이 좋지 않은 사람이 사무실에서 나
온다. 느낌이 좋지 않다. 사무실 창문너머로 몽골 초원으로 바람이
불고 초원의 빛이 눈앞인데 인상이 좋지 않은 사내는 돌아가서 허가
받은 차량을 타고 국경을 넘으라고 명령한다. 영어, 중국어를 섞어
가며 사정을 이야기했지만 걸어서는 절대로 국경을 넘을 수 없단다.
　출입국 사무소에서 쫓겨나와 모래바람을 맞으며 다시 얼란후어터
로 돌아가는 길에 늦은 점심을 먹던 경비병들이 식당으로 우리 가족
을 불러들여 라면을 끓여주고 생수 일곱 통을 챙겨주며 오늘 떠나는
국제 열차가 있으니 기차를 타고 몽골로 가라고 일러준다. 저 무지

개다리만 지나면 몽골 땅인데 아쉽다.

　나라와 나라의 경계를 지우는 일, 사람과 사람의 경계를 허무는 일이 이렇게 힘든 것이구나! 출국 수속으로 온종일을 보내고 늦은 오후 지친 몸과 마음으로 자밍후드로 가는 기차에 올랐다. 날씨가 갑자기 추워진다.

　수남이 일기: 아침 일찍 일어나서 짐을 챙긴 후 몽골로 넘어간다. 국경으로 넘어가려고 버스를 타고 국경까지 갔다. 그런데 차로만 국경을 넘어야 되는데 아빠가 국경을 걸어서 넘자고 했다. 1번째 검사 통과 기분 좋게 걸어서 넘어가고 2번째 문에서 딱 걸렸다. 어렵게 넘어간 2번째 문, 그 다음 출입국 사무소에서는 진짜 딱 걸렸다. 그런데 군인들이 밥을 사주고 기차를 타라고 했다. 표를 사고 기차를 탔다. 몽골에 가면 어떤 일이 있을지 궁금하다.

울란바토르

몇 년 전까지 한국에서 일했다는 몽골사람의 도움으로 자밍후드에 내리지 않고 기차 안에서 울란바토르까지 표를 사고 방 하나를 빌려 긴 기차여행을 한다. 침대 4개짜리 방이니 편안한 여행이다. 중국 기차보다 덜컹임이 좀 심하긴 하지만 값은 조금 싸고 깨끗하다.

울란바토르에 가까워질수록 펼쳐지는 풍경이 장관이다. 아주 가끔씩 나타나는 간이역마다 멈춰 서는 기다란 기차, 내몽골에서처럼 기차에서 내리는 사람은 단 한 사람이다. 단 한 사람을 위해 거대한 기차가, 전부가 하나를 위해 멈춘다. 끝없이 펼쳐진 광야가 나무 한 그루를 위해 존재하고, 땅과 닿아 있는 하늘이 흰구름 한 점을 위해 있는 것처럼 전부가 하나를 위해 존재하고 하나가 모두를 아름답게 만든다.

오월 말 광야에 눈이 내린다. 새싹이 돋아나기 시작한 초원에 소복이 쌓이는 눈! 이 눈이 녹아내리면 풀들이 쑥쑥 자라나 바다를 이루리라! 기차는 눈발을 헤치며 북쪽으로 달린다.

몽골 누나 멘데

한국에서 잠깐 만난 멘데 선생님이 기차역까지 마중을 나와주셨다. 고맙게도 한국식당에서 식사 대접까지 해주시고 한국인이 운영하는 게스트하우스도 소개해 주셨다. 무지하게 비싼 숙박비에 놀라기는 했지만 오늘은 여기에서 쉬면서 몽골에 대한 정보도 얻고 다음 일정을 정해야겠다. 짐을 풀자마자 쓰러져 잠을 자고 정신을 차려보니 늦은 아침이다. 생각해 보니 숙박비가 중국보다 최소 3배는 비싸다. 중국으로 다시 갈까 하는 생각도 잠시 해본다.

수남이 일기: 몽골에 도착, 눈이 펄펄 내렸다. 기차에서 내려서 멘데 이모를 만나서 한국 식당에서 밥을 먹고 잡지를 보고 통나무집 게스트하우스를 찾아갔다. 거기에 한 남자애가 있었는데 나를 졸졸 따라왔다. 같이 모래놀이도 하고 재미있게 놀았다.

5월 30일   다시 사람들 속으로

숙박비로 나가는 돈이 부담돼 외국인 게스트하우스를 알아보니 침대 하나에 6달러다. 짐을 꾸리고 낯선 사람들 속으로 다시 들어간다. 도시 안에 낡은 아파트를 개조해 만든 게스트하우스는 젊은 외

국인 관광객들로 북적인다.

　미리 예약한 손님이 많아 침대가 모자란다며 다른 집을 소개해 주며 직접 데려다 주기까지 한다. 친절하고 고마운 사람이다. 시내구경을 하는 며칠 동안은 이곳이 우리 집이다.

　한국말을 하는 몽골 여학생이 소개해준 현지인 식당에 가보니 소고기 스테이크가 한국 돈으로 2,000원 정도다. 기름과 향신료가 좀 많이 들어가 있지만 먹을 만은 하다. 특히 낯선 음식에 거부감이 없는 진아는 중국에서고 몽골에서고 아무거나 잘 먹는다. 이 정도면 어렵지 않게 몽골 여행을 할 수 있겠다. 역시 우리 가족은 현지인들 틈에 있어야 한다.

5월 31일　울란바토르 시내구경

　아이들은 늘 새로운 친구들을 쉽게 사귀어 논다. 게스트하우스 앞 놀이터에서 몽골 아이들과 놀면서 몽골말을 배운다. 아이들은 어른보

다 말을 쉽게 배우니 한 달 정도 지나면 진아가 가족을 안내하려나?

몽골말을 배울 수 있는 책을 사러 서점에 들어갔는데 수남이는 대뜸 만화책을 사달란다. 만화책으로 몽골말을 배우겠다는 우리 수남이를 말릴 수 없어 그냥 사주었다.

6월 1일　어린이 어버이날

오늘은 모든 이들의 축제다. 몽골에서는 어린이날과 어버이날이 같은 날이다. 우리 가족도 몽골 사람들 사이에서 축제를 즐긴다. 시내 곳곳에서 어린이날 행사를 한다. 그림 그리기, 글쓰기 대회도 열리고 체조 공연, 노래하고 춤추고 선물도 받고 오늘은 어린이들에게는 모든 것이 공짜다.

길거리에서 아이스크림도 나눠주고 풍선도 준다. 말배우기가 더딘 진아는 영어와 중국어로 고맙다는 말을 대신한다. 여행이 오래되면 진아는 한국말보다 여러 외국어를 먼저 배우겠다.

수남이 일기: 오늘은 몽골의 어린이날이다. 몽골은 어린이

날이 6월 1일이다. 몽골은 어린이날에 아이크림도 공짜로 주고 풍선도 공짜였다. 아빠가 큐브도 사 주시고 공원에도 놀러 갔다. 책도 사고 너무 좋았다.

6월 2일 도시 외곽으로 이사

며칠 만에 도시 구경이 끝났다. 화려한 도시 구경이 끝났으니 서민들이 살고 있는 후미진 곳으로 이사를 간다. 울란바토르는 길 찾기도 쉽고 한국말과 영어를 함께 쓰는 사람들이 많아 대화하기도 쉽다. 새로 이사한 여관은 시장도 옆에 있어서 장을 보기도 좋다.

간단 사원 근처는 구 도심지로 허름한 집들과 몽골 전통 게르가 늘어서 있다. 사원을 드나들어도 현지인으로 보이는 우리 가족은 입장료를 내지 않는다. 아이들은 오늘도 간단 사원에서 비둘기 따라하기 놀이를 하며 재미나게 논다.

이 거대한 발은 언제부터 사
원을 지키고 있었을까? 부처님
발등이 아이들에게 놀이터가 되
어준다.

6월 4일 ## 바람 부는 언덕 날락으로

몽골 한인회 소개로 한국인 교수님이 운영하는 시골마을 농장으
로 간다. 끝없는 초원과 멀리 펼쳐진 야트막한 산들, 초원에 부는
바람, 평화롭게 풀을 뜯는 소들, 광야를 달리는 말, 점점이 눈에 들
어오는 게르들! 이곳이 천국이다. 머물고 싶을 때까지 있어도 좋다
하시니 고마운 일이다. 아무 걱정 없이 몽골의 바람과 놀기만 하면
된다.

농장으로 가는 길에 지금은 기차가 다니지 않는 녹슨 기찻길을 만
났다. 균형 잡기 놀이를 하며 철길 위를 걷는다. 햇살이 따가우면 나
무그늘에서 쉬고 민들레 홀씨나 불면서 놀자꾸나! 이 너른 들이 다
너희들 놀이터다.

수남이 일기: 9번 버스를 타고 테를지로 가는 길에 있는 사거리에
서 내렸다. 어제 한인회에서 만난 아저씨를 만났다. 아저씨가 초원
에 있는 한 오두막에 사시는 할아버지를 불렀고, 우리가 그 할아버

아무 걱정 없이 몽골의 바람과

놀기만 하면 된다.

지 집으로 갔다. 우리가 이제 게르에서 살게 되었다. 옆집 친구들하고 재미있게 놀았다. 옆집에는 아이들이 많다.

길 떠난 지 100일째, 말수는 줄어들고 할 말도 해줄 말도 없고. 그저 푸른 하늘만 바라본다. 몸무게도 10킬로그램 정도 빠졌다. 여행은 몸도 마음도 건강하게 해준다.

6월 5일 씨름 놀이

날락으로 온 첫 날부터 서로 관심을 보이던 아이들은 벌써 친구가 되었다. 몽골말과 한국말을 서로 가르쳐 주면서 이야기를 하고, 하나씩 서로를 알아간다. 해가 지는 줄도 모르고, 밥먹는 시간도 아껴가며 잘도 논다.

몽골 아이들은 힘이 세다. 수남이는 동갑내기 친구 조이에게 지고
폰치가한테도 지고 여섯살 처그나한테도 졌다. 매번 풀밭에 고꾸라
지면서도 씨름 놀이가 재미있는지 자꾸 도전을 하는 수남이, 수남아
살 빠진다. 그만해라!

6월 6일 초원에서는 길을 잃기 쉽다

농장에서 버스가 다니는 큰 길까지 가려면 30분은 걸어야 한다.
몽골 사람들이 주로 먹는 거친 식빵과 잼, 맛좋은 햄을 사서 집으로
돌아오는 초원에서 길을 잃었다. 작게 보이는 집을 향해 걷기 시작
은 했지만 가까운 앞만 보고 가다가 방향을 놓쳐 다른 집을 향해 걷
고 있었다. 멀리에 있는 집을 찾아 가려면 멀리 보고 걸어야 한다.
발끝만 보고 가다가는 정해진 길이 없는 초원에서 길을 잃고 만다.

바람이 가는 길을 아는 말들은 길을 잃지 않고 초원을 달리지만
아직 인생살이에 서툰 나는 가끔 길을 잃고 방황을 한다. 바람아, 나
에게도 길을 가르쳐다오!

새로운 이웃이 생기다

아침 일찍 초원을 가로질러 트럭 한 대가 농장 옆에 멈추더니 짐을
내려놓는다. 게르 하나가 뚝딱 지어지고 한 가족이 이사를 왔다. 아
이들이 늘었다. 우리 아이들은 이사 온 식구들을 반가워하며 게르 짓
는 일도 도와준다. 게르가 다 완성되니 수십 마리 소 떼가 나타난다.

한인회에서 일하시는 총재님 댁도 이사 중이다. 울란바토르에 있
던 가게를 정리하고 날락에 식당과 편의점을 준비 중이다. 이삿짐
나르는 일을 도와주고 김치와 두부, 몽골 만두 호쇼루를 얻어가지고
집으로 돌아왔다. 오늘은 멀리 보고 걸어 길을 잃지 않았다.

놀고 놀고 또 놀고

수남이는 요즘 몽골 아이보다 더 몽골 아이같이 행동한다. 아침부
터 저녁까지 옷을 입지 않고 달리고 달린다. 낮잠을 자고 있던 송아
지를 잡아 사냥놀이를 한다. 새벽 4시면 밝아오는 하늘, 저녁 9시가
되어도 환한 들판과 놀다 보면 하루가 너무나 빠르게 지나간다.

하루 종일 수남이를 따라다니는 처그나와 세상을 다 가진 것처럼
노는 수남이! 처그나는 잠만 집에서 자고, 먹고 노는 것은 우리 가족
과 함께한다.

동네 뒷산으로 토끼 사냥을 나왔다. 작은 굴을 발견해서 연기를
피웠는데 나오라는 토끼는 안 나오고 커다란 고슴도치가 엉금엉금
기어 나온다. 엄청나게 큰 고슴도치다. 화가 나서 털을 세우니 축구
공 크기만 하다. 말 뼈다귀를 주워든 수남이는 더 깊은 숲으로 가서
늑대나 곰을 사냥하잔다. 말 뼈다귀
로 때려잡으면 된다나 어쩐다나!

게르가 완성되니
수십 마리 소 떼가 나타난다.

 아침을 먹고 옆집 게르로 가서 과자도 먹고 초콜릿도 먹고 몽골 죽도 먹고 또 점심을 먹고는 늑대를 잡으러 갔다. 늑대를 쫓았는데 늑대가 너무 안 도망가서 우리 옆집 친구들이랑 한꺼번에 덤볐다. 내가 꼬리를 물으려고 꼬리 쪽으로 가는데 늑대가 못 가게 해서 친구가 새총으로 머리를 맞춰주어서 꼬리를 물었다. 그런데 이가 너무 아팠다.

저녁을 먹고는 소를 쫓았는데 동생이 소 엉덩이 쪽으로 가서 소에 올라타고 뿔쪽으로 갔는데 갑자기 없어져서 깜짝 놀랐다. 배 밑을 보니 거기 매달려 있었다. 오늘은 엄청난 모험을 한 기분이다.

아빠가 오늘 아침에 토끼를 봤다고 해서 사냥을 하러 산으로 갔는데 굴을 하나 발견했다. 그 안에 고슴도치가 있었다. 그게 얼마만 하냐면 축구공만 하다. 나도 잡고 엄청 놀랐다. 내일 잡아먹기로 했다.

6월 7일 바람과 놀다

바람의 언덕에서 민정이와 정수는 바람을 부르며 논다. 진실로 바람이 키워 준 아이들이다. 바람과 함께 자라는 아이들은 바람이 가는 길을 알게 되겠지! 파란 하늘이 아이들 마음에 담긴다.

바람 부는 광야에 나가 머리를 감는다. 별로 든 것도 없지만 머릿속까지 시원하게 비워내고 바람이 가는 길을 들여다본다.

갑자기 열이 오른 이웃집 형에게 한국에서 가져온 해열제를 가져다주러 가는 수남이는 먼 길을 가는 것도 재미난 놀이다. 자르풍 자크가 빌려준 새 자전거를 타고 왕복 한 시간 거리를 달려간다. 남을 배려할 줄 아는 수남이는 여행하는 동안 부쩍 커버렸다.

바람이 가르쳐준 것들

나그네의 고단한 발을 서로 씻겨주는 아이들을 바라보는 엄마 아빠는 이보다 더 좋을 수 없다. 엄마는 작은 애 발을, 작은 애가 언니의 발을, 언니는 오빠 발을, 오빠는 아빠 발을 씻겨준다. 그렇게 하라고 시키지도 않았는데. 가난한 여행길에서 서로에게 해줄 수 있는 최고의 선물을 스스로 배운 아이들!

제가 하고 있는 일이 무언지도 모르는 정수 하는 말이

"아빠! 왜 울어? 왜 우냐고?"

"응! 그냥 자꾸 눈물이 나네! 옛날 옛날 생각도 나고….."

지금은 많은 사람들이 잊고 사는 진리를 너희들은 몸으로 알고 실천하는구나! 거친 음식을 먹고, 누추한 잠자리에서 머리를 뉘이며, 먼지 날리는 길을 걸어 여기까지 왔지. 고맙구나! 아빠는 몇날 며칠을 광야에 나가 울고 나 있을란다. 왜 우냐고 묻지 말아라!

바람과 함께 자라는 아이들은
바람이 가는 길을 알게 되겠지!

6월 11일 나누고 나누다

우리 가족은 뭐든지 다 나눈다. 한국말을 배우고 싶어하는 아이와는 언어를 나누고, 함께 놀자 하는 아이와는 놀이를 나누고, 부모와 떨어져 사는 아이와는 사랑을 나눈다.

오늘은 농장을 왔다 간 한국분들이 선물하고 간 한국 라면으로 옆집 아이들과 잔치를 벌였다. 몽골 사람들은 한국 라면을 무척이나 좋아한다. 간식도 나누고 밥도 나누다 보니 가난한 살림이지만 늘 풍요롭고 고마운 날들이다.

6월 13일 테릴지 툴강에서 득수를 만나다

버스를 타고 테릴지로 먼 소풍을 나간다. 아침 일찍부터 들판에서 놀고 있던 설롱고, 자르풍 자크, 히식이 바이르도 따라나선다. 도로 공사가 한창 진행 중이지만 테릴지로 가는 길은 딱히 길이랄 것이 없다. 흙먼지가 날리는 넓은 비포장 길이 전부다. 차선도 없고 도로 표지판도 없다.

느리게 달리는 짐을 실은 트럭을 추월할 때는 초원으로 살짝 빠져 달리면 된다. 매표소가 있는 다리를 지나(우리 가족은 현지인처럼 보이니 그냥 통과) 공원에 들어서니 장관이 펼쳐진다. 구불구불 흐르는 강가 초원에서는 소, 말, 염소 떼가 풀을 뜯고 가끔씩 게르 몇 동이 모여 있는 마을이 나타난다. 거북이를 닮은 거대한 바위를 만나고 황무지 언덕을 오르니 드디어 숲이 나타났다. 몽골에서 처음 만나는 울창한 숲이다.

　강이 있으니 숲이 있고 숲이 있으니 물이 마르지 않고 흐른다. 서로 다른 존재로 보이지만 한쪽이 사라지면 다른 한쪽도 사라질게다.

　버스 종점에 내려 강가에서 놀다가 점심을 먹으려는데 몽골 친구가 한국말로 우리를 부른다. 득수라는 한국 이름까지 가진 친구는 가족과 함께 한국에서 5년 동안 일하고 모은 돈으로 몽골에 가게를 내고 잘 살게 되었다며 한국을 고마운 나라라고 칭찬한다.

　몽골이 어떻냐는 친구의 물음에 자연이 아름답고 사람들도 너무 친절하고 좋다 하니 서울이나 여기나 똑같다며 좋은 사람, 나쁜 사람, 바쁜 사람, 한가한 사람, 별의별 사람이 다 있다고 한다. 어디 간들 사람 사는 곳이야 다 그러하겠다. 한국에서 외국인 노동자로 살던 5년간 어찌 좋은 일만 있었겠는가? 고마운 사람도 만나고 상처 받고 슬퍼했던 날들도 있었겠지.

　득수의 이야기 속에는 한국에 대한 고마움과 상처가 함께 들어 있다. 하지만 좋은 마음이 좋은 사람을 만나게 하고 고마운 마음과 풍성한 먹을 것까지 나누니 오늘도 기쁜 날이다. 몽골 아이들 셋이 따라와 먹을 것이 부족할까 걱정했지만 득수네 가족은 양고기에 마늘을 얹어 구워 주고, 승용차를 타고 다타난 젊은이들은 몽골 전통음식 허럭을 나눠주어 우리가 준비해 온 음식이 남았다.

　테릴지 톨강에서 노는 아이들! 날씨는 여름이지만 강물은 맑고 차갑다. 몸을 담그러 들어갔던 아이들은 차가운 물에 오래 있지 못하

고 밖으로 나온다. 아직 얼음이 남아 있는 깊은 땅속에서 흘러나온 물이니 차가울 수밖에 없겠다. 너무 재미있게 놀다가 집으로 돌아가는 마지막 버스를 놓쳐버렸다.

날은 저물어가고 하늘에서는 비가 떨어지기 시작하는데 집으로 걸어가는 몽골 아이들은 걱정이 없다. 지나가는 차를 잡는다. 골프를 치고 집으로 돌아가던 몽골인 부부가 친절하게 집 앞까지 데려다줬다. 몽골에서는 차를 얻어 타는 일이 쉽구나!

6월 15일　매일 한 차례 비가 내린다

요즘은 이상한 날씨가 계속 이어진다. 몇 년 전까지만 해도 이런 일이 없었다는데 작년에는 폭우가 내려 시내가 잠기기도 하고 요 며칠은 매일 한 번씩 바람이 불고 갑자기 비가 오고는 언제 그랬냐는 듯이 해가 나고 한다.

장을 보고 집으로 돌아가는 길에 하늘을 보니 무겁고 검은 구름은 서쪽으로 가벼운 흰구름은 동쪽으로 움직인다. 뒤에서는 소나기가 따라온다. 비구름과 달리기 시합을 하듯 빠르게 걷는다.

초원에 소나기가 지나가고 나면 언제나 무지개가 뜬다. 하나는 색이 옅기는 하지만 주로 쌍무지개다. 아름다운 하늘과 땅과 바람! 우리 모두가 그 아름다움들과 하나라는 것을 알아간다. 하늘을 나는 새들이 초원을 달리는 말들이 여기저기 무더기로 피어 있는 들꽃들

이 어우러져 자유와 평화를 노래한다. 우리 가족도 그 아름다움과
하나 되어 놀고 있다.

무지개를 잡으러 빗속을 달려!

오늘도 어김없이 비가 내린다. 작은 구름 한 떼가 비를 뿌리고 지
나가더니 햇살이 비추고 무지개가 뜬다. 무지개를 지우는 비가 다시
내리고 뒤를 따라 해가 뜨고 다시 무지개가 생기고를 반복한다. 오
늘은 좀 이상한 날이다.

놀 거리가 없어 심심해하는 아이들은 잠깐 비가 그치면 밖으로 나
가자고 아우성이다. 다시 비가 내릴지도 모르지만, 그럼 무지개를
잡으러 나가 볼까?

아이들과 함께 무지개를 잡으러 들판으로 나왔다. 아무리 걸어
도 잡을 수 없다는 것을 아직 모르는 아이들은 걷다가 달리다가 하
면서 무지개를 잡으러 간다. 무지개가 닿아 있는 저 곳에는 누가 살
고 있을까? 아이들은 서로 상상한 것들을 이야기하며 걷는다. 끝없
는 길을 걷다가 뒤를 돌아보니 시커먼 먹구름이 우리를 졸졸 따라
오고 있다.

집으로 돌아가는 길에는 비를 피할 곳이 없다. 앞으로 달려가도
나무 한그루 없는 들판이다. 에라, 모르겠다. 오늘은 빗속을 달려
보는 거다. 한참을 달려 집에 돌아오니 다시 해가 난다. 결국 무지개
는 잡지 못했지만 이상하고 재미있는 날이다.

날마다 소풍

몽골에 오니 날마다 소풍이다. 오늘은 동네 아이들과 함께 숲이 시작되는 제법 먼 산까지 소풍을 나왔다. 하늘이 이렇게 좋고 푸른 초원에 따뜻한 바람이 불면 아이들이 먼저 도시락을 챙겨 길을 떠나자 한다. 거칠고 좋은 몽골 빵과 몽골 야생과일로 담근 싸구려 와인 한 병이면 세상 부러울 것이 없다.

오늘도 길을 떠난다. 초원을 걷고 숲에서 지칠 때까지 놀다가 힘들면 초원에 누워 하늘이나 바라보련다.

거의 매일 같이 먹고 놀고 하다 보니 아이들 얼굴빛이 비슷해졌다. 몽골 사람들은 겨울을 나기 위한 여름휴가를 즐긴다. 휴가 중에 하는 일이라고는 도시를 벗어나 여름집으로 찾아가 먹고 자고 노는 일이 전부다. 제일 중요한 일은 겨울을 나기 위해 옷을 벗고 여름 햇살을 많이 받는 것이다. 시골에 사는 사람들이야 보통 윗옷은 입지 않고 생활한다. 그래야 건강하게 혹독한 추위가 찾아오는 겨울을 보낼 수 있다. 우리 아이들은 벌써 준비가 되었으니 겨울을 여기서 보낼까?

들판을 걸으며 서로
말을 가르치고 배운다.
광야의 삶을 배우고 사랑을 배운다.
서로가 다 선생이고 학생이다.

아이들의 겨울 준비

이곳 사람들은 벌써 추운 겨울을 준비한다. 어른들은 소젖을 발효시키고, 치즈냄새가 나는 빵도 만들어 서랍장에 저장한다. 큰언니 에르티엔 췌미크를 따라나선 아이들은 약초를 모은다. 어제는 상처난 데 쓰는 노란색 작은 풀을, 오늘은 감기에 좋은 꽃을 뿌리째 뽑아 종류별로 모아둔다. 그냥 몽골의 평범한 들판이다. 하지만 작은 풀들 사이에 사람에게 필요한 것들은 다 들어 있다.

수남이는 누나에게 쑥이며 민들레도 약이 된다고 가르쳐준다. 들

판을 걸으며 서로 말을 가르치고 배운다. 광야의 삶을 배우고 사랑을 배운다. 서로가 다 선생이고 학생이다. 참 좋은 학교! 파란 하늘 너른 들 학교!

"누나, 이 꽃 맞아?"

수남이는 몽골말이 많이 늘었다. 진아도, 수남이도, 처그나도 함께 공부 중? 노는 중? 약초 채취? 아동학대 중? 어떤 한국 분이 우리 가족을 보더니 그러셨단다. 학교도 안 보내고, 거지 꼬락서니에, 충분히 먹이지도 못하는 것 같으니 아동학대로 신고해야 하는 것 아니냐고.

나그네는 아무 말도 하지 않는다. 나그네 된 자가 어디 함부로 선생님들께 대꾸를 하리요. 그저 다 다른 배움으로 알고 고맙게 받는다. 허나 깨달음의 시작은 다름을 있는 그대로 받아들이는 것에 있지 않을까?

똥으로 밥을 만든다

음식을 만들기 위해 우리 집에서 주로 쓰는 연료는 소똥과 말똥이다. 밑불을 붙일 때에만 나뭇가지와 마른 풀을 쓴다. 나무를 구하려면 왕복 두 시간 거리를 걸어 숲으로 가야 하고, 숲에 들어간다 해도 죽은 나무는 찾기 힘들다.

우리 가족도 몽골 사람들처럼 마른 똥을 주워다가 연료로 쓴다. 아이들과 30분만 주우면 이틀간은 음식을 하는 데 걱정이 없다. 강

한 햇빛과 건조한 바람에 잘 말라서 화력도 좋고 안전하다. 은근히
타들어가기 때문에 요리를 불 위에 올려놓고도 다른 볼일을 볼 수
있다.

　　　몽골에서는 과일값은 비싸고 감
자, 양파, 마늘, 밀가루, 쌀, 고
기, 햄, 빵 등 생활에 꼭 필요한 음식 값은 아주 싸고 질도 좋다. 사
료를 먹이지 않고 우리가 보통 아는 허브식물들을 먹고 자라는 초식
동물과 비료와 농약을 쓰지 않는 농장에서 키우는 식물은 당연히 질
이 좋을 수밖에 없다.

　　거칠고 건강한 음식을 먹고, 바람이 가는 길을 따라 가는 삶이라
면 몽골에 몇 년쯤 살아봐도 좋겠다.

말을 배우다

벌써 광야에 들어 온 지 한 달이 되었다. 첫 날부터 서로 말을 가르치고 배워가며 잘 놀던 아이들이 게르 안으로 우르르 몰려들었다. 몽골어 사전을 보여달라 한다.

서로 다른 언어를 배우는 데 책이 필요한 때가 되었다. 그냥 놀고 나누고 생활하는 데야 그리 많은 단어가 필요하지 않지만 식구처럼 한 달을 살다 보니 다른 이야기가 하고 싶어졌나 보다.

학교가 멀어서 또는 가축을 돌보는 일을 해야 하는 이런저런 이유로 학교에 다니지 않는 아이들이다. 꼭 학교에 다녀야 하는 것은 아니지만 몽골 아이들은 한국말을 배우고 싶어한다.

얼마 남지 않은 몽골 생활이지만 오늘부터는 하루 한 시간씩 몽골어와 한국어를 책을 찾아가며 서로 가르치고 배우기로 했다. 몽골어, 영어, 한국어가 뒤섞인 재미있는 수업시간이다.

지구에 온 지 31개월 된 진아가 혼자 이를 닦는다. 진아는 다른 아이들에 비해 모든 것들이 늦은 편이다. 아직도 밤에는 기저귀를 차야 하고 걷는 것도 서툴고 오빠, 언니들이 그렇게 많은데도 말이 늦다.

하지만 엄마 아빠는 기다린다. 진아가 스스로 뭔가는 배우

고 익힐 때까지! 우리 진아는 말은 서툴러도 한국어, 중국어, 몽골어, 영어를 섞어가며 분명한 의사표현을 한다. 바람과 함께 자라는 아이다.

7월 5일 ## 사막을 건너다

온 밤을 걸어 사막을 건넜다. 끝없는 지평선을 바라보며 걷다가 광야를 담은 눈을 가진 사람을 만나 따뜻한 이야기를 가슴으로 나눴다.

말을 하고 싶었지만 입이 움직이지 않았다. 하지만 그것이 오히려 마음을 여는 데 도움이 되었고 우리는 마음만으로도 많은 이야기를 나눴다. 광야를 담은 눈을 가진 사람과 서로 안아주고는 서로 갈 길을 간다.

한참을 걷다가 하늘을 담은 눈을 가진 사람을 만나 마음을 주고받는다. 꼭 껴안아 보고는 다시 갈 길을 간다. 또 다시 한참을 걸어 풀밭에 다다르니 양을 치는 목동들이 반긴다. 물 한 그릇을 내어주고 팔을 벌려 안아주고는 말이 없다. 아니 말이 필요 없다. 사막을 건너며 만난 사람들과 초원의 목동들은 모두 사랑과 평화를 마음으로 이야기했다.

하늘이 밝아온다. 아침이다. 나는 꿈속에서도 긴 여행을 했구나! 가난한 우리 가족의 여행길이 담아야 할 것들은 거친 광야와 파란 하늘과 푸른 초원이고 나눠야 할 것들은 그 속에 담긴 사랑과 평화였구나!

 # 나담축제를 즐기러 울란바토르로

몽골 사람들은 언제나 우리에게 친절하다. 식구가 많은 우리 가족에게 자리를 양보하거나 아이들을 무릎에 앉혀준다. 횡단보도를 건널 때에도 아이들 손을 잡아준다. 중국에서부터 몽골까지 버스를 많이 타봤지만 모두들 친절하고 고마운 관심을 보인다.

몽골에서는 한국말이나 영어를 할 줄 아는 사람을 쉽게 만나니 길을 묻기도 쉽다. 울란바토르로 가는 버스에 언제나처럼 외국인은 우리 가족뿐이다.

울란바토르 중심에 있는 수하바타르 광장에 어마어마하게 많은 사람들이 모여 있어 나담(몽골어로 '축제') 전야제를 하는가 싶어 가보니 새로 선출된 대통령 취임식이 열리고 있다. 전통의상을 입은 몽골 사람들을 보는 것도 재미있지만 복화술로 부르는 몽골 전통노래는 대단히 아름답다. 형제의 나라에 와서 대통령 취임식을 볼 수 있다니 우리 가족은 언제나 운이 좋다.

미국이 발굴해서 가지고 갔던 공룡화석과 뼈들이 돌아왔다. 대통령 취임식에 맞춰 돌려준 것들을 수하바타르광장에 가건물을 세우고 전시를 하고 있다.

T-Rex는 칠천만 년 전에 몽골땅을 지배했던 육식 공룡이다. T-Rex 말고도 거대한 공룡머리 화석이며 작은 공룡화석과 뼈들이 많다. 이렇게 많은 공룡들이 살았다면 아주 오래전에는 몽골도 겨울에 춥지는 않았겠다. 고향으로 돌아온 공룡들을 만나니 반갑다.

초원에 삼 일간만 생기는 마을

나담축제가 펼쳐지면 초원에 큰 마을이 생긴다. 이 마을은 딱 삼 일간만 있다가 사라진다. 몽골 씨름 경기와 활쏘기 시합은 시내에 있는 주경기장에서 열리지만 몇 십 킬로미터를 달리는 말달리기는 신기루처럼 나타났다 사라지는 초원 신도시에서 열린다.

몽골 사람은 '몽골의 아이는 말안장에서 태어난다.'는 말이 있을 정도로 말달리기를 좋아한다. 좋아하는 것도 좋아하는 것이지만 유목민인 몽골 사람은 말을 타지 않고서는 살아갈 수도 없다.

울란바토르에서 30분이면 될 거리를 차가 밀리는 바람에 버스를 타고 두 시간을 달려와 초원위에 펼쳐진 식당에서 몽골 사람들과 밥을 먹고 말을 탄다. 아이들은 말타기를 얼마나 좋아하는지 한번 타면 내려올 생각을 않는다.

"진아야! 좀 내려와라. 해지기 전에 집에 가야지."

몽골어로 쓰여진 차림표를 읽지 못하는 우리 가족은 옆 사람들이 먹는 음식을 눈으로 보고 주문을 한다. 금방 튀겨낸 호쇼루도 맛있고 으깬 감자와 삶은 양고기와 당근을 볶아 만든 음식도 맛있다. 오늘도 잘 먹고 잘 놀았다.

7월 15일   토끼 사냥

일주일 전부터 농장 울타리를 넘나들며 풀을 뜯던 들토끼를 드디어 잡았다. 아끼던 새총을 잃어버려 마음이 좋지 않던 수남이는 토끼를 들고 좋아한다.

토끼 가죽은 조심스럽게 벗겨 말려두고 토끼뼈 마디마디를 찾아 잘게 자르고는 찌그러진 양푼에 넣고 감자, 양파, 당근, 파, 마늘을 넣고 삶았다. 토끼 간은 허약한(?) 아빠와 민정이, 정수가 나눠먹고 아직 따뜻한 심장은 옆집 몽골 아저씨가 약이 된다며 생으로 드셨다. 살도 기름기도 별로 없는, 허브만 먹고 자란 토끼 고기는 온 식구가 맛있게 먹었다.

매콤한 국물에 밥까지 싹싹 비벼 먹고 토끼 가죽을 살피러 간 수

남이가 울상이 되어 왔다. 엄마 가죽조끼 만들어 드리려 했는데 없어졌다며 아쉬워한다. 수남아, 괜찮다. 늑대 한 마리 잡으러 가자!

자연학교, 여행학교, 우리학교

오늘도 한 가족이 소 떼를 몰고 이사를 왔다. 쉽게 짓는 집! 새로 이웃이 된 사람들을 반기며 온 가족이 집짓는 일을 돕는다. 몇 시간이면 완성되는 몽골 게르! 바람만이 알고 있는 길을 따라 움직이며 살아가는 사람들! 그들에게는 아무런 욕심도 욕망도 없다. 그저 나누고 사랑하며 하루를 살아갈 뿐이다.

참으로 아름다운 사람들이다. 우리 학교도 게르를 짓듯 쉽게 완성되어간다. 때로는 흙먼지 날리는 길을, 때로는 초원을 걷고 가난하지만 나눌 줄 알고 사랑할 줄 아는 사람들 사이를 걸으며 우리 학교를 만들어간다. 누군가 보기에는 누추할지도 모르지만 우리에게는 아름답게만 보이는 파란 하늘 지붕을 이고 편안한 풀침대에 몸을 뉘이며 함께 걷는 길! 그 길이 학교라는 것을 알았다.

사실은 우리 모두가 그 학교에 있었음을, 같은 하늘 아래 있는 모두가 학생이고 선생이라는 것을 알았다. 자연학교를 만들겠다는 욕심으로 힘들어하던 10년 전의 욕심을 내려놓고 길 위에서 사람을 만나고 사랑하고 떠돌면서 자연스레 학교가 되었다. 아주 오래전부터 있던 그 학교! 누구나 다 알고 다 함께 다니던 그 학교가 우리 곁에 있다. 그동안 좋은 인연이었든, 나쁜 인연이었든 모든 인연들에 감사하고 감사할 뿐이다.

7월 20일 지워진 길

길 없는 길을 걸어 광야에서 하늘과 지평선을 바라보고 바람의 목소리에 귀 기울이며 40일을 보냈다. 매일 같은 시간 같은 길을 걷다 보면 눈에 띄는 길이 생기겠거니 하는 작은 바람도 품어보았다. 관광객들이 흔히 차고 다니는 전대도 없이, 두 개의 주머니도 가지지 아니하고 하늘만 바라보며 길을 걷는 나그네로 광야에 서 있다.

뒤를 돌아보니 내가 걷던 길은 모두 지워져 흔적도 없고 무성해진 초원만이 내 작은 그림자를 받아준다. 길 없는 길을, 바람만이 알고 있는 길을 걸어 이제 집으로 천천히 돌아가야 할 때다. 이제 지나온 길은 지우고 다시 새로운 길을 가야 한다.

시장을 보고 돌아오는 아빠를 마중 나온 아이들이 묻는다.

"아빠! 같이 걸어오던 사람은 어디 갔어?"

아이들은 환영을 보고, 아빠는 늘 동행하는 벗을 만난 몽골의 광야! 참으로 고맙다.

7월 22일 인사하기

몽골 땅을 떠나야 할 때가 되었다. 그동안 정든 사람들과 키 작은 풀꽃들에게 고개 숙여 감사의 인사를 나눈다. 지천에 피어난 풀꽃들, 에델바이스야, 내 갈 길을 나도 모르겠다!

참으로 아름답다. 에델바이스가 흐드러지게 피어 있는 광야와 작별인사를 나누기가 버거워 그냥 눌러 살까? 하는 마음도 들고…. 에델바이스야! 내 갈 길을 나도 모르겠다. 바람아, 대답해 주려무나!

몽골에서 두 달, 수남이는 말 타는 솜씨가 제법 늘었다. 이제는 좀 빠르게 달리기도 한다. 몽골을 떠나기 전에 몽골에서 아이들이 제일 좋아하던 말타기 놀이를 한 번 더 한다.

7월 24일　그리움을 두고

들꽃처럼 살아가는 사람들을 떠난다. 바람이 가르쳐주는 길 위에서 사는 사람들! 푸른 하늘을 닮은 초원을 달리며 커가는 아이들! 이들도 가을바람이 불면 이곳을 떠나 찬바람을 막아주는 산기슭 어딘가에서 겨울을 나고 돌아오겠지.

뭐든지 함께 나누며 지내던 아주머녀가 언제 다시 오냐고 묻는다. 따스한 봄바람이 불면 다시 오마 하고 길을 나선다. 발걸음이 무겁다. 한국으로 돌아가면 몽골의 하늘, 바람, 초원, 사람들이 그리워질 것을 안다. 그리움을 남겨두고 떠나야 한다.

아이들끼리도 이별의 시간이 길다. 두어 달 동안 자매처럼 지낸

히식이와 설롱고는 떠나가는 친구를 위해 먼 길을 함께 걸어준다.

몽골 국경을 넘다

울란바토르를 출발한 기차는 우리 가족이 타고 있는 칸만 남겨두고 돌아가 버렸다. 입출국 수속을 위해 멈춘 국경에서 남겨온 몽골 돈으로 아침거리를 사고 외롭게 서 있는 열차를 보니 '정말 몽골을 떠나는구나!' 싶다. 열차 안에는 아이들과 아내가 자고 있다.

가끔씩 찾아오는 그리움과 외로움을 등에 지고 여행자 가족은 몽골을 떠난다.

바이칼로 향하는 이르쿠츠쿠에서

국경에서 하룻밤을 달려 이르쿠츠크에 도착했다. 기차역 앞에 있는 식당에서 러시아 음식으로 아침을 먹는다. 몽골 식당에서 먹는 음식이나 별반 다르지 않다. 다시 무거운 배낭을 메고 숙소를 찾고 러시아 도시 구경도 할 겸 거리로 나선다.

봄을 찾아 떠난 여행이었는데 지금은 여름이다. 북쪽으로 올라오면서 느끼는 도시는 점점 더 깨끗해지고 정리가 잘 되어 있다.

이르쿠츠크의 전통 가옥들은 벽이 두껍고 덧문 또한 두껍게 달려 있다. 건물 안에 있는 시장에 들어 갈 때에도 문을 2~3개 정도는 열어야 한다.

다시 기차역으로 돌아와
잠시 쉬면서 어디로 갈지 생각한다.

시장에 들러 빵과 햄, 잼을 산다. 몽골에서와 마찬가지로 과일을
제외하고 식료품 가격은 엄청 싸다. 러시아 물가가 비싸다고는 하지

벽이 두껍고 덧문 또한 두껍게 달린
이르쿠츠크의 전통가옥

만 주식으로 먹을 수 있는 거친
빵과 햄은 한국의 절반도 안 된
다. 어느 나라나 시장에 가면 여행자들은 굶주리지는 않겠구나!

시장도 보고 도시 구경도 했는데 마땅한 게스트하우스나 여관이
보이지 않는다. 바이칼 호수와 앙가라 강이 있는 아름다운 관광도시
답게 이르쿠츠크에는 고급 호텔들이 많이 들어서 있다. 하지만 여행
자에게 어울리는 숙소는 아니다. 배낭을 멘 젊은 여행자들을 따라가
려 했지만 게스트하우스 예약이 다 찼단다.

다시 기차역으로 돌아와 잠시 쉬면서 어디로 갈지 생각한다. 낯선
나라 낯선 도시에 도착해서는 언제나 뭔가가 부족하고 어설프다.

7~8월의 이르쿠츠크는 아름다운 바이칼로 몰려드는 젊은 여행자

아이들은 동화나라에서
신나게 뛰어논다.

들이 많아 값싼 잠자리를 구하기가 어렵다. 남아 있는 숙소는 호텔
뿐이다. 앙가라 강가에서 노숙을 할까도 생각해 보며 길을 걷다가
러시아어를 전공하고 직장을 다니는 젊은 친구를 만나 자작나무 숲
속에 있는 좋은 민박집을 소개받았다.

　젊은 친구가 빌려준 휴대 전화로 길을 안
내받아 버스를 타고 민박집을 찾
아간다. 말로만 설명을 들었
지만 우리는 길을 잘 찾아
간다. 짐을 풀고 조용
한 자작나무 숲으로 산
책을 나왔다. 여기도
천국이구나! 백두산에
오를 때만 해도 눈 덮인
자작나무 숲을 만났었는
데 동화 속 나라로 들어온 듯
한 이곳에서는 푸르름으로 우거진
숲을 만난다.

　우리가 여행을 길게 하기는 했구나! 아이들은 동화나라에서 신나
게 뛰어논다. 민박집에 돌아오니 새로운 인연이 기다리고 있다. 어
디선가 많이 본 듯한, 바람의 냄새를 풍기는 선생님께서 기다리고
계셨다. 인연이란 무서우리만치 정확하다. 선생님은 우리를 오래전
부터 이 시간 여기에서 만나기 위해 기다리고 있었을지도 모른다.
내일부터는 새로운 선생님과 재미있는 일들이 벌어지겠다.

쉬고 놀기

어쩌면 걱정과 두려움은 학습된 것인지도 모른다. 세상을 만난 지 얼마 안 되는 진아는 두려움이 없다. 모르는 사람이나 다른 개를 보면 무섭게 짖어대던 시커멓고 큰 개도 금방 친구가 된다. 자작나무 숲을 지나 시내구경을 가는 길에 숲을 지키는 개가 진아를 배웅한다.

우리 가족은 낯선 나라들에서 점점 더 하나가 되어간다. 서로가 서로를 소중한 보물처럼 챙긴다.

"정수야! 한국에 가서도 오늘처럼 해야 한다."

이르쿠츠크에는 아이들이 처음 보는 전동차가 있다. 기차 한 칸 길이에 등 위에는 전기선을 달고 다닌다. 요금도 버스비보다 조금 싸다. 아이들은 신기해하면서 타보고 싶어 한다. 전동차를 타고 시내를 구경한다. 높은 빌딩이 몇 개 있지만 오래되고 야트막한 건물들이 보기 좋다.

전동차에 기타를 멘 젊은 이가 올라오더니 노래를 하고는 모자를 돌린다. 사람들은 조금씩 돈을 낸다. 노래

를 잘 들어보니 중국 양수오 티벳 친구의 가게에서 매일 들었던 노래
다. 인연이라는 것이 참 재미있다.

  ## 바이칼 알혼섬으로

아침에 일어나 보니 새벽에 도착한 한국인 부부가 있다. 선생님과
한국인 부부, 우리 가족이 일행이 되어 알혼섬으로 들어간다. 민박
집 주인이 고맙게도 승합차 기사와 흥정을 잘 해줘서 바이칼호수 알
혼섬에서 놀 수 있게 되었다. 사실 어제까지만 해도 좀 부담이 되는
교통비와 숙박비 때문에 바이칼호수 근처에서 3박 4일을 보내고 시
베리아 횡단열차를 탈까도 생각했었다. 하룻밤 사이에 고마운 일행
이 생겨 우리도 알혼섬으로 간다.

알혼섬까지는 대략 4시간 정도가 걸린다. 기사 아저씨는 중간 중간 지나쳐 온 작은 도시의 식당에 멈추지 않고 도로변에 덩그러니 서 있는 아주 작은 휴게소에 차를 세웠다. 고마운 배려로 러시아 가정식 점심을 먹었다.

소박하고 예쁜 휴게소에서 잘 쉬고 알혼섬으로 달린다. 차창 밖으로는 가끔 소나무 숲이나 자작나무 숲이 나오고 대부분은 끝없는 밀밭이다. 도시에서 멀어지고 바이칼에 가까워질수록 몽골과 분위기가 비슷하다.

여행을 떠나온 지 6개월, 우리 가족은 바이칼 알혼섬에서 산과 바다와 하늘이 맞닿은 아름다운 풍경을 함께 바라보고 있다. 서로를 사랑한다는 것은 한 곳을 함께 바라보는 일이라 했던가! 해가 지고도 밝은 하늘을 밤이 깊도록 함께 바라보고 집으로 돌아간다.

아! 바이칼

바이칼의 아침! 해발 2,000미터 산너머에서 해가 떠오른다. 햇살이 눈이 시리도록 투명한 고요의 바다를 비추면 옅은 물안개가 피어오르고 갈매기들도 부지런히 날개를 퍼덕인다.

바위 절벽에 자라난 소나무에, 햇살이 일으킨 바다의 잔물결 위에, 먹이를 찾아 분주히 날아다니는 갈매기의 날개 위에도 평화가 있다. 세상의 평화는 여기에서 시작되는가 보다. 이 시간을 만나기 위해 먼 길을 걸어왔구나!

이르쿠츠크에서 방을 구하지 못해 앙가라 강가를 거닐다 만난 독일 노부부와 손녀를 섬에서 다시 만났다. 아이들은 금방 친해져서 잘 논다.

긴 여행을 통해 아이들은 새로운 친구를 사귀는 데 더 익숙해졌다. 항상 웃고 친절하고 먼저 손을 내민다. 그런 우리 아이들이 맘에 들었는지 독일 소녀 소피는 어린 진아도 잘 돌봐주고 우리 가족만 보이면 달려와 인사하고는 함께 어울려 논다.

기차역에서 만났던 배낭여행을 하는 스위스 친구들도 다시 만났다. 방을 구하지 못해 이 친구들을 따라가려 했지만 게스트하우스에 남는 침대가 없어 따라가지 못했다. 자전거 트레킹을 하던 친구들이 달려와 안아주면서 숙소는 어떻게 잘 구했는지 우리 가족 걱정을 많이 했단다. 참으로 고마운 인연들이다.

바이칼에 몸을 담그다

6월이 되어야 얼음이 완전히 녹는다는 바이칼 물은 차갑다. 툰드라 지역을 흐르는 330여 개 강물이 모여들어 호수를 이루니 여름이라고 물이 따뜻해질 리는 없다. 러시아 사람들은 이 차가운 물에 잘도 들어간다. 모래밭에 누워 따뜻한 햇살에 몸을 말리고는 호수에 다시 들어가기를 반복한다. 그래야 추운 겨울을 건강하게 날 수 있단다. 어딜 가나 현지인인 우리는 러시아 사람들보다 더 많이 들어갔다 나왔다를 반복한다.

바이칼 원주민 브리야트족을 만나 보니 우리와 비슷하다. 고향 할 아버지를 만난 느낌이랄까? 우리 민족의 고향이 여기지 않을까?

바이칼에 몸을 담근다. 바이칼에는 여행이 준 자유, 행복, 용서와 화해, 사랑, 평화… 세상의 아름다운 단어들이 모두 들어 있다. 주화씨, 수남, 민정, 정수, 진아야! 이 완전한 아름다움이 느껴지니?

세상살이에 너무나 서툰 남편을 지켜주는 고마운 아내도 바이칼에 발을 담그고 좋아라 한다.

내 마음이 더 좋다.

주화씨, 수남, 민정, 정수, 진아야!
이 완전한 아름다움이 느껴지니?

오늘을 희생해서는 안 된다.
우리는 그저 오늘을 착하고 행복하게
살아내면 그것으로 충분하다.

고향을 떠나다

　우리에게 주어진 시간은 매일 매일이 이렇게 즐겨야 할 소중한 순간들이다. 재산을 불리거나 출세를 하기 위해 오늘을 희생해서는 안 된다. 우리는 그저 오늘을 착하고 행복하게 살아내면 그것으로 충분하다. 공부는 평생 하는 것이고, 돈은 필요할 때 벌면 그만이다.

　고향처럼 느껴지는 진리의 바다에 오래 머물고 싶지만 떠나야 한다. 6개월 동안 여행을 하면서 한 번도 기차나 숙소를 예약하는 경우가 없었지만 이번에는 시베리아 횡단열차를 함께 탈 고마운 동행이 기다리고 있다.

시베리아 횡단 블라디보스토크

　4박 5일 동안의 긴 기차여행, 걷는 데 익숙해진 여행자에게는 힘든 일이다. 하루 정도 달리고 내려서 며칠 놀다가 다시 달리고 했으면 좋았겠다. 아쉽지만 다음에 러시아에 오면 그렇게 해야겠다.

　우스리스크로 가서 고려인들도 만나고 러시아 여행을 좀 더 하고 싶지만 물가가 너무 비싸다. 빵과 햄, 통조림은 이르쿠츠크와 비슷하지만 숙박비가 너무나 비싸다. 나머지 여행은 다음으로 미루고 집으로 돌아가야겠다.

8월 5일 **집으로**

통장에 있는 돈을 모두 찾아 집으로 돌아가는 배표를 샀다. 표를 사고 나니 밥 먹을 돈도 없다. 우리 사정이 딱해 보였는지 표를 파는 한국인이 식권을 공짜로 줬다. 오늘 출발하지 않았으면 곤란해질 뻔 했다. 아이들은 언제나처럼 배 위에서도 잘 논다.

배정된 방으로 들어가니 한국인 단체 관광객이 화를 내며 쫓아낸다. 우리 가족이, 내가 이상하게 보였나 보다.

방에서 쫓겨나 승무원에게 어떻게 해야 할지 물어 보니 우리 가족만 쓸 수 있는 특별실을 내어준다. 한국에 돌아가면 바람의 자유와 놀기만 하는 아빠와 아이들은 이상한 놈 취급을 더 많이 받을 텐데 조금은 걱정스럽다. 몇 달 만에 제대로 된 한국 음식을 고맙게 먹고 자고 놀면서 집으로 간다. 수남아, 집으로 가니 좋으냐?

160일의 아시아 대륙여행이 끝났다. 엄마 아빠는 불필요한 살이 다 빠지고 아이들은 많이 자랐다. 해외 유학(?)의 결과로 우리 진아는 이제 낮에는 기저귀를 차지 않아도 된다. 힘든 여행을 즐겁게 해준 모두가 고맙다. 사랑을 함께 나눈 모든 인연들이 고맙다. 제법 긴 여행길이었는데 잠깐 재미있는 꿈을 꾸고 깨어난 것 같다.

정수가 아빠와 아빠가 좋아하는 것들을 그렸다.
외국 친구들이 선물해 준 팔찌, 나무 목걸이,
막걸리, 고기, 기타…

모든 것을 다 버리고 길을 나서고 나니
길 위에서 모든 것을 얻었다.

다시 자연학교, 놀이학교, 여행학교

여행은 모든 것들을 제자리로 돌려놓았다. 가난하지만 행복한 사람들이 살아가는 세상의 후미진 뒷골목을 돌고, 다 다른 것 같지만 사랑과 평화라는 평범한 진리를 받아들이며 사는 사람들 사이를 걷다 보니, 나는 다시 열일곱 꿈꾸는 소년으로 돌아왔다. 세상살이에 서툰 소년은 꿈을 이루기 위해 애를 쓸 때마다 실패했지만 모든 것을 다 버리고 길을 나서고 나니 길 위에서 모든 것을 얻었다.

꿈꾸는 소년은 길 위에서 보았다. 자연학교는 만들어지는 것이 아니라 자연에 깃들어 사는 사람들의 삶을 있는 그대로 받아들이는 마음의 숲에 아주 오래전부터 존재하고 있었다는 것을! 내일이 오지 않을 것처럼 하루 종일 열심히 노는 아이들과 함께하면서, 놀이를 통해 서로를 알아가고 배우는 과정을 보았다. 바람과 함께 노는 아이들은 자연스레 서로에 대한 배려를 배우고 새로운 놀이를 창조하

고 시를 쓰고 노래를 한다. 다함께 재미나게 놀려면 서로에 대한 인정과 존중, 배려하는 마음이 필요하다. 늘 곁에 있던 자연학교는 자연스레 놀이학교로 이어진다. 자연에 있는 모두가 선생이고 학생인 자연학교는 함께하는 놀이를 통해 완전해진다.

긴 여행을 하면서 몸과 마음이 맑아진 우리 가족에게 아기가 태어났다. 여행은 몸과 마음을 건강하게 하고 행복과 축복을 준다. 꿈꾸는 소년은 선각산 아래 베이스캠프에서 자연학교, 놀이학교, 여행학교를 다시 시작한다. 겨울에는 베이스캠프로 돌아와 머물고 봄이 오면 바람이 가는 길을 따라 여행을 떠나는 삶을 이어간다.

2013년 겨울, 노래를 부르며 여행으로 삶을 살아가는 아름다운 가족이 선각산으로 찾아들었다. 이제는 두 가족이 삶이라는 아름다운 시를 노래하며 함께 여행을 한다. 내가 행복하기 위해서는 내 곁에 있는 이가 행복해야 하고, 내 이웃이 행복해야 우리 가족 또한 행복할 수 있다는 오래된 진리를, 용서와 화해, 사랑과 평화를 노래하며 열 식구 대가족이 함께 여행을 떠난다.

바람이 분다. 꽃비가 나린다. 다시 출발이다.

사랑을 함께 나눈
모든 인연들이 고맙다.